普通高等教育“十三五”规划教材

实变函数与泛函分析

(下册)

费铭岗　邓志亮　编

科 学 出 版 社

北　京

内 容 简 介

本书分上、下两册. 本册系统地讲述了线性泛函分析的基本思想和理论, 分五章: 距离线性空间与赋范线性空间; Banach 空间上的有界线性算子; 自反空间、共轭算子与算子谱理论; Hilbert 空间上的有界线性算子以及广义函数论简介. 本册注重讲述空间和算子的一般理论, 取材既有基础的部分又有深刻的部分, 读者可以根据需要进行适当的选择.

本书可作为综合性大学与师范院校数学各专业本科生教材或者教学参考书, 也可作为物理和工科部分专业硕士研究生的教材, 以及需要泛函分析基础知识的科技工作者阅读参考.

图书在版编目(CIP)数据

实变函数与泛函分析. 下册/费铭岗, 邓志亮编. —北京: 科学出版社, 2018.11

普通高等教育“十三五”规划教材

ISBN 978-7-03-058779-4

Ⅰ. ①实… Ⅱ. ①费… ②邓… Ⅲ. ①实变函数–高等学校–教材②泛函分析–高等学校–教材 Ⅳ. ①O17

中国版本图书馆 CIP 数据核字(2018) 第 209288 号

责任编辑: 王胡权 / 责任校对: 张凤琴

责任印制: 吴兆东 / 封面设计: 陈 敬

科学出版社 出版

北京东黄城根北街 16 号

邮政编码: 100717

http://www.sciencep.com

北京中石油彩色印刷有限责任公司 印刷

科学出版社发行 各地新华书店经销

*

2018 年 11 月第 一 版 开本: 720 × 1000 B5

2019 年 1 月第二次印刷 印张: 8 1/4

字数: 176 000

定价: 29.00 元

(如有印装质量问题, 我社负责调换)

前　言

2010 年春季学期至今, 编者及其教学团队一直为电子科技大学数学科学学院本科生讲授" 泛函分析" 课程, 其间我们使用过的教材, 分别有张恭庆和林源渠编著的《泛函分析讲义》(上册), 江泽坚和吴智泉编著的《泛函分析》, 曹广福和严从荃编著的《实变函数论与泛函分析》(下册), 以及程其襄等合编的《实变函数与泛函分析基础》, 并以刘培德编著的《泛函分析基础》和刘炳初编著的《泛函分析》等优秀教材为主要的参考书. 本书是在编者及其教学团队的泛函分析讲义的基础上, 综合了各方面的意见和需求, 并参考了国内外一些经典的教材和文献, 精心编写而成的.

20 世纪初, 分析学出现抽象化, 数学家们试图探求其中的理论与方法的一般性与统一性, 泛函分析正是在这样的背景下逐渐产生的. 推动泛函分析产生和发展的主要因素: 一方面是出现了用统一的观点来理解 19 世纪数学各个分支所积累的大量实际材料的必要性; 另一方面, 与量子力学相关的数学问题的研究为泛函分析的发展提供了巨大的动力. 泛函分析是综合运用代数、几何以及诸多现代数学的观点来研究无穷维向量空间上的泛函、算子和极限理论的数学分支. 它可以看成无穷维向量空间上的解析几何和数学分析. 时至今日, 泛函分析已成为内容丰富、方法系统、应用广泛并且仍在蓬勃发展的一门学科. 它在数学物理方程、概率论、计算数学等分科中都有应用, 也是研究具有无限个自由度的物理系统的数学工具.

泛函分析有着非常丰富的理论成果, 内容也博大精深, 本书以较为简短的篇幅讲述了距离空间和线性泛函分析的基本思想和基本理论. 虽然我们正处在从精英化教育向通识化教育转变的历史时期, 很多课程都需要精简, 但是作为数学专业本科生和很多工科专业研究生的一门必修课, 我们在介绍泛函分析基本理论的同时, 仍然保持了该学科的核心定理的证明, 如空间完备化的证明, 列紧性, 实 Banach 延拓定理的证明等. 教师和自学者可以根据各自的实际情况对这些内容进行选择性的讲授和阅读.

本书的总体大纲与编写框架由编者反复讨论后确定. 邓志亮负责第 3 章 3.4 节的编写，其余章节由费铭岗执笔. 本书在准备和编写的过程中始终得到电子科技大学数学科学学院黄廷祝教授、王也洲副教授和吴永科副教授的指导和帮助. 本书还得到科学出版社王胡权和龚建波等编辑的支持和帮助. 编者借此机会, 向他们表示衷心感谢! 同时, 对硕士生闫静杰、唐瑜聆和王谦对本书的打印和校稿所付出的辛勤劳动表示感谢. 本书在编写的过程中得到电子科技大学本科新编特色教材项目的资助.

限于作者水平, 书中难免存在疏漏和不妥之处, 恳请专家同行和广大读者批评指正.

编　者
2017 年 12 月 31 日

目　录

第 1 章　距离线性空间与赋范线性空间

1.1　距离线性空间

在许多数学与实际问题中，我们需要对遇到的集合赋予加法和数乘等代数运算, 使其成为一个线性空间.

定义1.1.1　令 X 是一非空集合，$\mathbb{K}$ 是实数域或复数域. 首先, 在 X 中定义加法运算如下: 对 X 中任意 x, y, 存在 $u \in X$ 与之对应, 记为 $u = x + y$, 并且此运算满足

(1) $x + y = y + x$;

(2) $x + (y + z) = (x + y) + z$, 任意 $x, y, z \in X$;

(3) 在 X 中存在唯一的元素, 记为 θ, 使得 $x + \theta = x$ 对任意 $x \in X$ 成立 (θ 称为 X 的零元素);

(4) 对任意 $x \in X$, 在 X 中存在唯一的元素, 记为 $-x$, 使得 $x + (-x) = \theta(-x$ 称为 x 的负元素);

其次, 在 X 中定义数乘运算如下: 对任意 $\alpha \in \mathbb{K}$ 和 $x \in X$, 存在 $u \in X$ 与之对应, 记为 $u = \alpha x$, 并且此运算满足

(5) $\alpha(x + y) = \alpha x + \alpha y$, 任意 $\alpha \in \mathbb{K}$ 和 $x, y \in X$;

(6) $(\alpha + \beta)x = \alpha x + \beta x$, 任意 $\alpha, \beta \in \mathbb{K}$ 和 $x \in X$;

(7) $\alpha(\beta x) = (\alpha\beta)x$, 任意 $\alpha, \beta \in \mathbb{K}$ 和 $x \in X$;

(8) $1x = x$, 任意 $x \in X$,

则称 X 按照上述加法和数乘运算成为线性空间或向量空间. 线性空间的元素称为向量.

不难证明, 对线性空间中任意向量 x 和数 α, 有下列等式成立:

$$0x = \theta,$$

$$(-1)x = -x,$$

$$\alpha\theta = \theta.$$

下面我们举两个线性空间的实例.

例1.1.1　欧几里得空间 $\mathbb{R}^n$. 对 $\mathbb{R}^n$ 中任意元素 $x = (\xi_1, \cdots, \xi_n)$, $y = (\eta_1, \cdots,$

$\eta_n)$ 和任意 $\alpha \in \mathbb{K}$, 若定义

$$
\begin{aligned}
&x+y=(\xi_1+\eta_1,\cdots,\xi_n+\eta_n),\\
&\alpha x=(\alpha\xi_1,\cdots,\alpha\xi_n),
\end{aligned}
$$

不难证明 $\mathbb{R}^n$ 按照上述加法和数乘成为线性空间.

例1.1.2　令 $C[0,1]$ 表示 $[0,1]$ 上全体连续函数组成的集合, 对 $C[0,1]$ 中任意函数 f,g 和任意 $\alpha \in \mathbb{K}$, 若定义

$$
\begin{aligned}
&(f+g)(t)=f(t)+g(t),\\
&(\alpha f)(t)=\alpha f(t),
\end{aligned}
$$

则容易验证 $C[0,1]$ 按照上述加法和数乘成为线性空间.

定义1.1.2　令 M 为线性空间 X 的非空子集, 若对任意 $x,y\in M$ 和数 $\alpha \in \mathbb{K}$, 有 $x+y\in M$ 及 $\alpha x\in M$ 成立, 则称 M 为 X 的线性流形.

不难验证: 线性空间 X 的任意线性流形 M 也是一个线性空间. X 的线性流形 M 称为真的, 如果 M 不是全空间 X. X 和 $\{\theta\}$ 是 X 的两个线性流形, 称为 X 的平凡线性流形.

令 $x_1,\cdots,x_k$ 为线性空间 X 中的 k 个向量, $\alpha_1,\cdots,\alpha_k\in\mathbb{K}$, 称 $\alpha_1x_1+\cdots+\alpha_kx_k$ 为向量组 $x_1,\cdots,x_k$ 的一个线性组合. 令 S 为线性空间 X 的任意非空子集, 记 $\mathrm{span}\{S\}$ 为 S 中向量的所有线性组合形成的集合. 容易验证, $\mathrm{span}\{S\}$ 为 X 的一个线性流形, 且是 X 中包含 S 的最小线性流形, 即若 M 是 X 中包含 S 的线性流形, 则必有 $\mathrm{span}\{S\}\subset M$.

定义1.1.3　称线性空间 X 中的 n 个向量 $x_1,\cdots,x_n$ 为线性相关的, 若存在 n 个不全为零的数 $\alpha_1,\cdots,\alpha_n\in\mathbb{K}$, 使得 $\alpha_1x_1+\cdots+\alpha_nx_n=\theta$. 否则, 就称其为线性无关的. 线性空间 X 的一个子集 S 称为线性无关的, 如果 S 中任意有限个向量都是线性无关的.

由上述定义容易看出, 向量组 $x_1,\cdots,x_n$ 为线性无关的充要条件为, 若 $\alpha_1x_1+\cdots+\alpha_nx_n=\theta$, 则必有 $\alpha_1=\cdots=\alpha_n=0$ 成立. 而且, 线性无关的向量组必不包含零向量; 包含一个线性相关子集的向量集一定线性相关.

定义1.1.4　假设 S 为线性空间 X 中的一个线性无关子集, 若 $\mathrm{span}\{S\}=X$, 则称 S 的基数为 X 的维数, 记为 $\dim X$, S 称为 X 的一组基. 如果 $\dim X$ 为有限数, 则称 X 为有限维线性空间, 否则就称 X 为无限维线性空间. 只包含零元素的平凡线性空间 $\{\theta\}$ 称为零维线性空间.

例如, 例 1.1.1 中的欧几里得空间 $\mathbb{R}^n$ 为 n 维线性空间, 下列 n 个向量构成的

向量组为 $\mathbb{R}^n$ 的一组基:

$$
\begin{aligned}
e_1 &= (1,0,\cdots,0),\\
e_2 &= (0,1,\cdots,0),\\
&\cdots\cdots\\
e_n &= (0,0,\cdots,1).
\end{aligned}
$$

但是, 例 1.1.2 中定义的 $[0,1]$ 上全体连续函数构成的线性空间 $C[0,1]$ 为无限维线性空间. 事实上, 如果 $C[0,1]$ 为有限维线性空间, 令 $\dim C[0,1]=N$, 则 $C[0,1]$ 中由任意 $N+1$ 个函数组成的函数组必定是线性相关的. 然而, 我们知道, $C[0,1]$ 中由 $1,t,t^2,\cdots,t^N$ 组成的函数组 (包含 $N+1$ 个函数) 是线性无关的. 因此, $C[0,1]$ 只可能为无限维线性空间.

泛函分析中, 人们最感兴趣的空间是无穷维的, 但经常考虑有限维空间作为例子对理解泛函分析是很有帮助的.

在一般泛函分析的研究中, 除了需要 X 是一个线性空间外, 我们还需要在 X 中引入下列度量, 使之成为一个度量空间, 并将这些代数结构和拓扑结构有机地结合起来.

定义1.1.5 假设 X 为任一非空集合, 若对 X 中任意两个元素 x,y, 都存在一个实数 $d(x,y)$ 与之对应, 并且 $d(x,y)$ 满足

(1) (非负性) $d(x,y)\geqslant 0$, $d(x,y)=0$ 当且仅当 $x=y$;

(2) (对称性) $d(x,y)=d(y,x)$;

(3) (三角不等式) $d(x,z)\leqslant d(x,y)+d(y,z)$, 对任意 $x,y,z\in X$ 成立,

则称 X 为度量空间或者距离空间, 记作 $\langle X,d\rangle$. $d(x,y)$ 称为 x 与 y 之间的距离.

定义1.1.6 距离空间 $\langle X,d\rangle$ 中的点列 $\{x_n\}_{n=1}^{\infty}$ 称为按距离 $d(\cdot,\cdot)$ 收敛到 x, 如果

$$
\lim_{n\to\infty} d(x_n,x)=0,
$$

记为 $x_n \xrightarrow{d} x$, 或简记为 $x_n\to x$.

定义1.1.7 假设线性空间 X 上还赋有距离 $d(\cdot,\cdot)$, 并且加法和数乘运算都按 $d(\cdot,\cdot)$ 所确定的极限是连续的, 即

(1) $d(x_n,x)\to 0, d(y_n,y)\to 0 \Rightarrow d(x_n+y_n,x+y)\to 0$;

(2) $d(x_n,x)\to 0, \alpha_n\to\alpha \Rightarrow d(\alpha_n x_n,\alpha x)\to 0$,

则线性空间 X 称为距离线性空间.

下面是一些重要的距离线性空间的实例, 它们在今后的学习中会经常出现.

例1.1.3　离散距离空间 (D).

假设 X 为任意非空线性空间, 对 X 中任意向量 x, y, 定义

$$d(x,y)=\begin{cases}1, & x\neq y,\\ 0, & x=y.\end{cases}$$

容易验证上述 $d(\cdot,\cdot)$ 满足定义 1.1.5 中的条件 (1), (2) 和 (3), 并且 X 是赋以距离 $d(\cdot,\cdot)$ 的距离线性空间. 这样得到的空间称为离散距离空间, 记为 (D).

例1.1.4　有界序列空间 l^∞.

假设 X 为所有有界数列

$$x=\{\xi_1,\xi_2,\cdots,\xi_j,\cdots\}$$

构成的集合, 其元素常简记为 $x=\{\xi_j\}$, ξ_j 称为 x 的第 j 个坐标, 即对每个 $x=\{\xi_j\}$, 存在常数 $K_x>0$, 使得对于所有的 j, $|\xi_j|\leqslant K_x$.

对任意 X 中的数列 $x=\{\xi_j\}$, $y=\{\eta_j\}$ 和数 α, 定义

$$\begin{aligned}&x+y=\{\xi_j+\eta_j\},\\ &\alpha x=\{\alpha\xi_j\},\\ &d(x,y)=\sup_{j\geqslant 1}|\xi_j-\eta_j|.\end{aligned}$$

容易验证上述 $d(\cdot,\cdot)$ 满足距离定义中的条件 (1), (2) 和 (3), 并且 X 是赋以距离 $d(\cdot,\cdot)$ 的距离线性空间. 这样得到的空间称为有界序列空间, 记为 l^∞.

例1.1.5　收敛序列空间 (c).

假设 X 为所有收敛数列

$$x=\{\xi_1,\xi_2,\cdots,\xi_j,\cdots\}$$

所构成的集合, 即对任意 $x=\{\xi_j\}\in X$, $\lim_{j\to\infty}\xi_j$ 存在且有限.

像例 1.1.4 空间 l^∞ 一样定义加法、数乘运算和距离 $d(\cdot,\cdot)$, 不难验证上述 $d(\cdot,\cdot)$ 满足距离定义中的条件 (1), (2) 和 (3), 并且 X 是赋以距离 $d(\cdot,\cdot)$ 的距离线性空间. 这样得到的空间称为收敛序列空间, 记为 (c).

例1.1.6　所有序列空间 (s).

假设 X 是所有数列构成的集合, 对任意 $x=\{\xi_j\}, y=\{\eta_j\}\in X$ 和数 α, 定义

$$x+y=\{\xi_j+y_j\},\quad \alpha x=\{\alpha\xi_j\}.$$

显然 X 按照上述加法和数乘成为线性空间. 又定义

$$d(x,y)=\sum_{j=1}^{\infty}\frac{1}{2^j}\frac{|\xi_j-y_j|}{1+|\xi_j-y_j|}.$$

下面证明 $d(\cdot,\cdot)$ 满足距离定义中的条件 (1), (2) 和 (3). 首先, 条件 (1) 和 (2) 显然. 其次为证条件 (3), 我们需要下列不等式:

对任意复数 a,b, 有不等式

$$\frac{|a+b|}{1+|a+b|} \leqslant \frac{|a|}{1+|a|} + \frac{|b|}{1+|b|} \tag{1.1.1}$$

成立. 事实上, 引入 $[0,\infty)$ 上的函数

$$f(t) = \frac{t}{1+t}.$$

显然, 对任意 $t \in [0,\infty)$, $f'(t) = \dfrac{1}{(1+t)^2} > 0$. 所以 $f(t)$ 是 $[0,\infty)$ 上的单调递增函数. 由不等式 $|a+b| \leqslant |a|+|b|$ 可得

$$\begin{aligned}\frac{|a+b|}{1+|a+b|} &\leqslant \frac{|a|+|b|}{1+|a|+|b|}\\ &= \frac{|a|}{1+|a|+|b|} + \frac{|b|}{1+|a|+|b|}\\ &\leqslant \frac{|a|}{1+|a|} + \frac{|b|}{1+|b|},\end{aligned}$$

即, 不等式 (1.1.1) 得证.

现令 $x=\{\xi_j\}, y=\{\eta_j\}, z=\{\zeta_j\} \in X$, 由 $d(x,y)$ 的定义和不等式 (1.1.1) 得

$$\begin{aligned}d(x,z) &= \sum_{j=1}^{\infty} \frac{1}{2^j} \frac{|\xi_j-\zeta_j|}{1+|\xi_j-\zeta_j|}\\ &\leqslant \sum_{j=1}^{\infty} \frac{1}{2^j}\left(\frac{|\xi_j-\eta_j|}{1+|\xi_j-\eta_j|} + \frac{|\eta_j-\zeta_j|}{1+|\eta_j-\zeta_j|}\right)\\ &= \sum_{j=1}^{\infty} \frac{1}{2^j} \frac{|\xi_j-\eta_j|}{1+|\xi_j-\eta_j|} + \sum_{j=1}^{\infty} \frac{1}{2^j} \frac{|\eta_j-\zeta_j|}{1+|\eta_j-\zeta_j|}\\ &= d(x,y)+d(y,z).\end{aligned}$$

所以 $d(\cdot,\cdot)$ 是 X 上的距离. 并且容易验证 X 中的加法与数乘运算按上述定义的距离 $d(\cdot,\cdot)$ 是连续的. 这样得到的距离线性空间称为所有序列空间, 记为 (s).

例1.1.7 l^p 空间, $1 \leqslant p < \infty$.

假设 X 代表满足下列条件的所有数列 $x=\{\xi_j\}$ 构成的集合:

$$\sum_{j=1}^{\infty} |\xi_j|^p < \infty.$$

对任意 $x=\{\xi_j\},y=\{\eta_j\}\in X$ 和数 α, 若定义

$$x+y=\{\xi_j+\eta_j\},$$
$$\alpha x=\{\alpha\xi_j\},$$

由下列不等式容易验证 X 按上述加法和数乘运算成为一个线性空间:

对任意复数 a 和 b, 有

$$|a+b|^p\leqslant(|a|+|b|)^p\leqslant(2\max\{|a|,|b|\})^p\leqslant 2^p(|a|^p+|b|^p)$$

成立.

又定义

$$d(x,y)=\left(\sum_{j=1}^{\infty}|\xi_j-\eta_j|^p\right)^{\frac{1}{p}},$$

则容易验证 $d(\cdot,\cdot)$ 满足距离定义中的条件 (1) 和 (2). 再利用 Minkowski 不等式

$$\left(\sum_{j=1}^{\infty}|\xi_j+\eta_j|^p\right)^{\frac{1}{p}}\leqslant\left(\sum_{j=1}^{\infty}|\xi_j|^p\right)^{\frac{1}{p}}+\left(\sum_{j=1}^{\infty}|\eta_j|^p\right)^{\frac{1}{p}},$$

易得 $d(\cdot,\cdot)$ 也满足条件 (3). 进一步, X 中加法和数乘运算按上述定义的距离 $d(\cdot,\cdot)$ 是连续的. 这样得到的距离线性空间称为 l^p 空间.

例1.1.8　本性有界可测函数空间 $L^\infty[a,b]$.

令 X 为区间 $[a,b]$ 上全体本性有界可测函数构成的集合. 对任意 $x(t),y(t)\in X$ 和数 α, 若定义

$$(x+y)(t)=x(t)+y(t),$$
$$(\alpha x)(t)=\alpha x(t),$$

易见 X 为一线性空间. 若又定义

$$d(x,y)=\operatorname{ess}\sup_{t\in[a,b]}|x(t)-y(t)|,$$

下面验证 $d(\cdot,\cdot)$ 满足距离定义中的三个条件:

(1) $d(x,y)\geqslant 0$ 显然成立. 如果 $x(t)=y(t)$, a.e., 则由定义知 $d(x,y)=0$.

(2) 如果

$$d(x,y)=\inf_{m(E)=0}\left\{\sup_{t\in[a,b]\setminus E}|x(t)-y(t)|\right\}=0,$$

则对所有正整数 n, 存在 $E_n \subset [a,b]$, 使得 $m(E_n)=0$, 且

$$\sup_{t\in[a,b]\setminus E_n} |x(t)-y(t)| \leqslant \frac{1}{n}.$$

现令 $E=\bigcup_{n=1}^{\infty} E_n$, 则 $m(E)=0$, 且

$$\sup_{t\in[a,b]\setminus E} |x(t)-y(t)| \leqslant \sup_{t\in[a,b]\setminus E_n} |x(t)-y(t)| \leqslant \frac{1}{n}.$$

令 $n\to\infty$, 则

$$\sup_{t\in[a,b]\setminus E} |x(t)-y(t)| = 0,$$

即 $x(t)=y(t)$, a.e.

由 $d(\cdot,\cdot)$ 的定义, 条件 (2) 显然成立.

(3) 对任意 $x(t),y(t),z(t)\in X$ 和正数 ε, 存在零测集 $E_\varepsilon^1, E_\varepsilon^2 \subset [a,b]$, 使

$$\sup_{t\in[a,b]\setminus E_\varepsilon^1} |x(t)-y(t)| \leqslant d(x,y)+\frac{\varepsilon}{2},$$

$$\sup_{t\in[a,b]\setminus E_\varepsilon^2} |y(t)-z(t)| \leqslant d(y,z)+\frac{\varepsilon}{2}.$$

现令 $E_\varepsilon = E_\varepsilon^1 \cup E_\varepsilon^2$, 则 $m(E_\varepsilon)=0$, 且

$$\begin{aligned}
&\sup_{t\in[a,b]\setminus E_\varepsilon} |x(t)-z(t)| \\
\leqslant &\sup_{t\in[a,b]\setminus E_\varepsilon} |x(t)-y(t)| + \sup_{t\in[a,b]\setminus E_\varepsilon} |y(t)-z(t)| \\
\leqslant &\sup_{t\in[a,b]\setminus E_\varepsilon^1} |x(t)-y(t)| + \sup_{t\in[a,b]\setminus E_\varepsilon^2} |y(t)-z(t)| \\
\leqslant &\, d(x,y)+d(y,z)+\varepsilon.
\end{aligned}$$

从而

$$\begin{aligned}
d(x,z) = &\inf_{m(E)=0} \left\{ \sup_{t\in[a,b]\setminus E} |x(t)-z(t)| \right\} \\
\leqslant &\sup_{t\in[a,b]\setminus E_\varepsilon} |x(t)-z(t)| \\
\leqslant &\, d(x,y)+d(y,z)+\varepsilon.
\end{aligned}$$

由正数 $\varepsilon>0$ 的任意性得 $d(x,z)\leqslant d(x,y)+d(y,z)$.

综上, $d(\cdot,\cdot)$ 是 X 上的一个距离. 另外, 容易验证 X 中的加法和数乘运算按照这个距离是连续的. 这样得到的距离线性空间称为本性有界可测函数空间, 记为 $L^\infty[a,b]$.

例1.1.9　p 方可积函数空间 $L^p[a,b], 1 \leqslant p < \infty$.

令 X 代表区间 $[a,b]$ 上满足下列条件的所有可测函数 $x(t)$ 的集合:

$$\int_a^b |x(t)|^p \mathrm{d}t < \infty.$$

与例 1.1.8 一样, 在 $L^p[a,b]$ 上逐点定义加法和数乘, 容易验证 X 为一线性空间. 又定义

$$d(x,y) = \left(\int_a^b |x(t) - y(t)|^p \mathrm{d}t\right)^{\frac{1}{p}}.$$

显然, $d(\cdot,\cdot)$ 满足距离条件 (1) 和 (2). 再由 Minkowski 不等式易得

$$\begin{aligned}
&\left(\int_a^b |x(t) - z(t)|^p \mathrm{d}t\right)^{\frac{1}{p}} \\
=&\left(\int_a^b |(x(t) - y(t)) + (y(t) - z(t))|^p \mathrm{d}t\right)^{\frac{1}{p}} \\
\leqslant&\left(\int_a^b |x(t) - y(t)|^p \mathrm{d}t\right)^{\frac{1}{p}} + \left(\int_a^b |y(t) - z(t)|^p \mathrm{d}t\right)^{\frac{1}{p}}.
\end{aligned}$$

从而定义 1.1.5 距离条件 (3) 成立. 所以 $d(\cdot,\cdot)$ 是 $L^p[a,b]$ 上的距离. 进一步, 容易证明 X 是赋有距离 $d(\cdot,\cdot)$ 的距离线性空间. 这样得到的距离线性空间称为 p 方可积函数空间, 记为 $L^p[a,b]$.

注1.1.1　上述两例空间中的元不是一个函数, 而是一个几乎处处相等的函数的等价类.

1.2　距离空间中的拓扑

下面给出距离空间中一些点和集合的概念.

例1.2.1　假设 $\langle X,d\rangle$ 为一距离空间, 定义

(1) $B(x_0,r) = \{x \in X : d(x,x_0) < r\}$ 为 x_0 的以 r 为半径的球, 或称为 x_0 的 r- 邻域;

(2) 点 $x_0 \in E \subset X$ 称为 E 的内点, 如果存在 $r > 0$, 使得 $B(x_0,r) \subset E$, 记 E 的内点的全体为 E 的内部;

(3) 点 $x_0 \in X$ 称为集合 $F \subset X$ 的聚点, 如果对任意 $r > 0$, 球 $B(x_0,r)$ 都包含了 F 中异于 x_0 的点;

(4) $O \subset X$ 为开集, 如果对任意 $x \in O$, 都存在 $r > 0$, 使得 $B(x,r) \subset O$;

(5) $F \subset X$ 为闭集, 如果 F 的聚点都包含在 F 中.

定义1.2.1 称距离空间 $\langle X,d\rangle$ 到距离空间 $\langle Y,\rho\rangle$ 的映射 T 在 $x_0\in X$ 处连续，如果对 Tx_0 的每一个 ε- 邻域 V, 都存在 x_0 的某一个 δ- 邻域 U, 使得当 $x\in U$ 时，有 $Tx\in V$, 即 $TU\subset V$. 如果映射 T 在 X 的每一点都连续，就称 T 是 X 上的连续映射.

我们下面给出连续映射的两个等价刻画.

定理1.2.1 从距离空间 $\langle X,d\rangle$ 到距离空间 $\langle Y,\rho\rangle$ 的映射 T 在 $x_0\in X$ 处连续的充要条件是当 $x_n\xrightarrow{d}x_0$ 时，有 $Tx_n\xrightarrow{\rho}Tx_0$.

证明 必要性. 若 T 在 $x_0\in X$ 处连续，由定义 1.2.1 知，对任意 $\varepsilon>0$, 存在 $\delta>0$, 使得当 $d(x,x_0)<\delta$ 时，有 $\rho(Tx,Tx_0)<\varepsilon$. 由于 $x_n\xrightarrow{d}x_0$, 则对给定的 δ, 存在正整数 N, 当 $n\geqslant N$ 时，有 $d(x_n,x_0)<\delta$, 从而 $\rho(Tx_n,Tx_0)<\varepsilon$, 即 $Tx_n\xrightarrow{\rho}Tx_0$.

充分性. 利用反证法. 若映射 T 在 $x_0\in X$ 处不连续，则存在 $\varepsilon_0>0$, 使得对任何 $\delta>0$, 总存在 $x_\delta\neq x_0$, 满足 $d(x_\delta,x_0)<\delta$, 但是 $\rho(Tx_\delta,Tx_0)\geqslant\varepsilon_0$. 现令 $\delta=\dfrac{1}{n}$, 则存在 x_n, 使得 $d(x_n,x_0)<\dfrac{1}{n}$, 但是 $\rho(Tx_n,Tx_0)\geqslant\varepsilon_0$. 即存在 $x_n\xrightarrow{d}x_0$, 但是 Tx_n 并不收敛到 Tx_0. 这与已知条件矛盾，从而映射 T 在 $x_0\in X$ 处必连续. □

定理1.2.2 从距离空间 $\langle X,d\rangle$ 到距离空间 $\langle Y,\rho\rangle$ 的映射 T 是连续的充要条件是对 Y 中的任何开集 O, $T^{-1}(O)$ 是 X 中的开集，这里

$$T^{-1}(O)=\{x\in X: f(x)\in O\},$$

称为 O 在 X 中的原象.

证明 必要性. 假设映射 T 连续，O 是 Y 中的开集，则对任意 $x\in T^{-1}(O)$, 必有 $y=Tx\in O$. 由 O 是 Y 中的开集，则必存在 y 的 ε- 邻域 V, 使 $V\subset O$. 由于 T 在 x 处连续，必存在 x 的 δ- 邻域 U, 使得 $TU\subset V$. 从而 $U\subset T^{-1}(V)\subset T^{-1}(O)$, 即 x 是 $T^{-1}(O)$ 的内点. 由 x 的任意性知 $T^{-1}(O)$ 是 X 中的开集.

充分性. 对任意 $x\in X$, 令 $Tx=y$. 任取 y 的 ε- 邻域 V, 由假设知 $T^{-1}(V)$ 是 X 中的开集. 又 $x\in T^{-1}(V)$, 所以必存在 x 的某个 δ- 邻域 U, 使得 $U\subset T^{-1}(V)$, 即 $TU\subset V$. 这说明 T 在 x 处连续. 由 x 的任意性知 T 是 X 上的连续映射. □

众所周知，有理数的全体是可数的，而且在实数轴上稠密. 这个性质给我们在研究实数性质时带来了很多方便. 实数域的这个性质在一般距离空间中的推广就是下面我们将引入的可分空间的概念.

定义1.2.2 假设 $\langle X,d\rangle$ 是一距离空间，其子集 $S\subset X$ 称为 X 的稠密子集，如果对任给 $\varepsilon>0$, 任意 $x\in X$, 都存在 $x_0\in S$, 使得 $d(x,x_0)<\varepsilon$. 如果 X 内存在一个可数的稠密子集，则称 X 为可分空间.

下面我们列举一些可分和不可分空间的例子.

例1.2.2　空间 l^p 可分, $1 \leqslant p < \infty$.

令 S 为所有形如

$$\{r_1, r_2, \cdots, r_n, 0, 0, \cdots\}$$

的元素组成的集合, 这里 n 是任意正整数, $r_j(j = 1, \cdots, n)$ 为任意有理数. 显然, $S \subset X$ 且 S 是可数的. 首先假设 l^p 为实空间, 对任给的 $\varepsilon > 0$ 和任意 $x = \{\xi_j\} \in l^p$, 必存在正整数 N, 使得

$$\sum_{j=N+1}^{\infty} |\xi_j|^p < \frac{\varepsilon^p}{2}.$$

另外, 显然可适当选取有理数 r_j, $j = 1, \cdots, N$, 使得

$$\sum_{j=1}^{N} |\xi_j - r_j|^p < \frac{\varepsilon^p}{2}.$$

现令 $x_0 = \{r_1, \cdots, r_N, 0, 0, \cdots\}$, 则 $x_0 \in S$, 且

$$[d(x, x_0)]^p = \sum_{j=1}^{N} |\xi_j - r_j|^p + \sum_{j=N+1}^{\infty} |\xi_j|^p < \varepsilon^p.$$

从而 $d(x, x_0) < \varepsilon$, 即, 实空间 l^p 是可分的. 对于复空间 l^p, 可以类似地证明它也是可分的.

利用例 1.2.2 类似的方法容易证明: 收敛序列空间 (c) 是可分的, 所有序列空间 (s) 也是可分的. 对于连续的情形, 不难验证 $C[0,1]$ 和 $L^p[a,b](1 \leqslant p < \infty)$ 均为可分空间.

例1.2.3　空间 l^∞ 不可分.

令 S 为 l^∞ 中所有坐标 ξ_j 取值为 0 或 1 的元素 $x = \{\xi_j\}$ 的全体, 则对 S 中任意两个不同的元素 x 和 y, 由例 1.1.4 知 $d(x, y) = 1$. 由于 S 与二进位小数一一对应, 则 S 的基数为 c. 若空间 l^∞ 可分, 则 l^∞ 中存在可数稠密子集, 令为 $\{y_k\}_{k=1}^{\infty}$. 现对任意 $x \in S$, 作球 $B\left(x, \dfrac{1}{3}\right)$, 则由 S 的构造,

$$\left\{B\left(x, \frac{1}{3}\right) : x \in S\right\}$$

为一族两两互不相交的球, 总的个数为 c. 但由于 $\{y_k\}_{k=1}^{\infty}$ 在 l^∞ 中稠密, 则每个球 $B\left(x, \dfrac{1}{3}\right)$ 中至少包含 $\{y_k\}_{k=1}^{\infty}$ 中的一个元. 这与 $\{y_k\}_{k=1}^{\infty}$ 是可数集矛盾, 故空间 l^∞ 必不可分.

类似地, 我们可以证明: 本性有界可测函数空间 $L^\infty[a, b]$ 不可分.

1.3 完备的距离空间

类似于实数轴上 Cauchy 列的定义, 下面引入距离空间中 Cauchy 列的定义.

定义1.3.1 距离空间 $\langle X,d\rangle$ 中的点列 $\{x_n\}_{n=1}^{\infty}$ 称为 Cauchy 列, 若对任给 $\varepsilon>0$, 存在正整数 N, 使得当 $m,n\geqslant N$ 时, 有

$$d(x_m,x_n)<\varepsilon.$$

显然, 距离空间中的所有收敛列都是 Cauchy 列, 但是这个逆命题却不成立. 例如, 有理数的全体按照实数域中的距离构成一距离空间 $\mathbb{Q}$, 但其 Cauchy 列 $\left\{\sum_{j=1}^{n}\dfrac{1}{j^2}\right\}_{n=1}^{\infty}$ 在 $\mathbb{Q}$ 中不收敛.

定义1.3.2 如果距离空间 $\langle X,d\rangle$ 中任何 Cauchy 列都收敛, 则称 $\langle X,d\rangle$ 为完备的距离空间.

由完备的距离空间的定义我们不难理解上面提到有理数空间中的 Cauchy 列 $\left\{\sum_{j=1}^{n}\dfrac{1}{j^2}\right\}_{n=1}^{\infty}$ 不收敛, 但是整个实数域空间 $\mathbb{R}$ 却是完备的. 下面列举两个完备的距离空间的实例.

例1.3.1 $C[0,1]$ 是完备的距离空间.

由例 1.1.2 知 $C[0,1]$ 表示区间 $[0,1]$ 上的所有连续函数按照逐点定义加法和数乘运算形成的线性空间. 对任意 $x(t),y(t)\in C[0,1]$, 定义

$$d(x,y)=\max_{0\leqslant t\leqslant 1}|x(t)-y(t)|.$$

容易证明, $C[0,1]$ 是赋以距离 $d(\cdot,\cdot)$ 的距离线性空间. 下面证明 $C[0,1]$ 是完备的距离空间.

假设 $\{x_n(t)\}_{n=1}^{\infty}$ 是 $C[0,1]$ 中的 Cauchy 列, 则对任给的 $\varepsilon>0$, 存在正整数 N, 使得当 $n,m\geqslant N$ 时, 有

$$d(x_n,x_m)=\max_{0\leqslant t\leqslant 1}|x_n(t)-x_m(t)|<\varepsilon. \tag{1.3.1}$$

即, 当 $n,m\geqslant N$ 时, 对任意 $0\leqslant t\leqslant 1$, 有

$$|x_n(t)-x_m(t)|<\varepsilon.$$

显然, 对每个固定的 $t\in[0,1]$, $\{x_n(t)\}_{n=1}^{\infty}$ 是 $\mathbb{R}$ 中的 Cauchy 列. 由于实数域空间 $\mathbb{R}$ 是完备的, 则存在 $x(t)$, 使得 $\lim_{n\to\infty}x_n(t)=x(t)$. 在式 (1.3.1) 中令 $m\to\infty$, 则当

$n \geqslant N$ 时, 有

$$\max_{0 \leqslant t \leqslant 1} |x_n(t) - x(t)| \leqslant \varepsilon. \tag{1.3.2}$$

这说明 $\{x_n(t)\}_{n=1}^{\infty}$ 在 $[0,1]$ 上一致收敛到 $x(t)$, 从而 $x(t)$ 也是 $[0,1]$ 上的连续函数. 又由式 (1.3.2) 知, 当 $n \geqslant N$ 时,

$$d(x_n, x) = \max_{0 \leqslant t \leqslant 1} |x_n(t) - x(t)| \leqslant \varepsilon.$$

即, $x_n \xrightarrow{d} x$. 从而 $C[0,1]$ 是完备的距离空间.

注1.3.1　若在例 1.3.1 中定义

$$d_1(x, y) = \int_0^1 |x(t) - y(t)| \mathrm{d}t, \quad x(t), y(t) \in C[0,1],$$

可以证明 $\langle C[0,1], d_1 \rangle$ 也为距离线性空间, 但 $\langle C[0,1], d_1 \rangle$ 不是完备的.

例1.3.2　有界序列空间 l^{∞} 是完备的.

假设 $\{x_n\}_{n=1}^{\infty}$ 是 l^{∞} 中的 Cauchy 列, 其中 $x_n = \{\xi_1^{(n)}, \xi_2^{(n)}, \cdots\}$, 则对任意的 $\varepsilon > 0$, 存在正整数 N, 当 $n, m \geqslant N$ 时, 有

$$d(x_n, x_m) = \sup_j |\xi_j^{(n)} - \xi_j^{(m)}| < \varepsilon. \tag{1.3.3}$$

即, 当 $n, m \geqslant N$ 时, 对每一固定的 j, 有

$$|\xi_j^{(n)} - \xi_j^{(m)}| < \varepsilon.$$

从而, 数列 $\{\xi_j^{(k)}\}_{k=1}^{\infty}$ 是实数域空间 $\mathbb{R}$ 中的 Cauchy 列. 因此, 存在 ξ_j, 使得

$$\lim_{n \to \infty} \xi_j^{(n)} = \xi_j.$$

现令 $x = \{\xi_1, \xi_2, \cdots\}$, 下证 $x \in l^{\infty}$, 且 $x_n \xrightarrow{d} x$. 即, l^{∞} 是完备的距离空间. 事实上, 在 (1.3.3) 中令 $m \to \infty$, 则对任意 $n \geqslant N$, 有

$$\sup_j |\xi_j^{(n)} - \xi_j| \leqslant \varepsilon. \tag{1.3.4}$$

又由于 $x_n = \{\xi_1^{(n)}, \xi_2^{(n)}, \cdots\} \in l^{\infty}$, 则存在正数 K_n, 使得对所有 j, 有 $|\xi_j^{(n)}| \leqslant K_n$. 因此, 对任意 j, 有

$$|\xi_j| \leqslant |\xi_j - \xi_j^{(n)}| + |\xi_j^{(n)}| \leqslant \varepsilon + K_n.$$

即, $x \in l^{\infty}$. 另外, 由 (1.3.4) 可得, 对任意 $n \geqslant N$,

$$d(x_n, x) = \sup_j |\xi_j^{(n)} - \xi_j| \leqslant \varepsilon.$$

因此, $x_n \xrightarrow{d} x$.

我们曾经指出, 实数域 $\mathbb{R}$ 中有理数的全体 $\mathbb{Q}$ 作为 $\mathbb{R}$ 的线性流形不是完备的, 但是我们可以将其完备化. 事实上, 欧几里得空间中许多重要的结论均依赖空间的完备性, 比如直线上的闭区间套定理等. 下面我们即将说明: 每一个不完备的距离空间都可以加以完备化, 使之成为某个完备的距离空间的稠密子空间.

定义1.3.3 对于距离空间 $\langle X, d\rangle$, 若存在完备的距离空间 $\langle Y, \rho\rangle$, 使 X 等距于 Y 的稠密子集, 即存在映射 $T: X \to Y$, 使得对任意 $x, y \in X$, 有

$$d(x, y) = \rho(T(x), T(y)),$$

且 TX 是 Y 中的稠密子集, 则称 Y 为 X 的完备化, T 称为 X 到 Y 的等距同构映射.

在泛函分析中, 等距意义下的距离空间 $\langle X, d\rangle$ 与 $\langle TX, \rho\rangle$ 可不加区别视为等同的. 此时也称 X 与 TX 等距同构, 记为 $X \cong TX$.

定理1.3.1 任何距离空间 $\langle X, d\rangle$ 都存在完备化.

证明 对于给定的距离空间 $\langle X, d\rangle$, 我们需要构造一个完备的距离空间 $\langle Y, \rho\rangle$ 和等距映射 T, 使得 TX 是 Y 中的稠密子集. 为此, 我们分三步来完成证明.

第一步: 构造 $\langle Y, \rho\rangle$.

记距离空间 $\langle X, d\rangle$ 中所有的 Cauchy 列的集合为 Y. 对 Y 中的元素 $x = \{\xi_n\}$ 和 $y = \{\eta_n\}$, 如果有

$$\lim_{n\to\infty} d(\xi_n, \eta_n) = 0,$$

则称 x 与 y 相等, 并记为 $x = y$. 现对任意 $x = \{\xi_n\}, y = \{\eta_n\} \in Y$, 定义

$$\rho(x, y) = \lim_{n\to\infty} d(\xi_n, \eta_n). \tag{1.3.5}$$

下证 $\rho(\cdot,\cdot)$ 是 Y 中的距离, 并且 Y 是赋有距离 $\rho(\cdot,\cdot)$ 的距离空间. 首先, 由于 $\{\xi_n\}_{n=1}^{\infty}, \{\eta_n\}_{n=1}^{\infty}$ 均为 X 中的 Cauchy 列, 易证 $\{d(\xi_n, \eta_n)\}_{n=1}^{\infty}$ 是实数域 $\mathbb{R}$ 中的 Cauchy 列, 由 $\mathbb{R}$ 的完备性知 (1.3.5) 式中的极限存在且有限. 假设又有不同的 Cauchy 列 $\{\tilde{\xi}_n\}_{n=1}^{\infty}$ 和 $\{\tilde{\eta}_n\}_{n=1}^{\infty}$ 分别收敛到 x 和 y, 则有

$$\lim_{n\to\infty} d(\xi_n, \tilde{\xi}_n) = \lim_{n\to\infty} d(\eta_n, \tilde{\eta}_n) = 0.$$

由于 $d(\cdot,\cdot)$ 为 X 中的距离, 则

$$d(\tilde{\xi}_n, \tilde{\eta}_n) \leqslant d(\tilde{\xi}_n, \xi_n) + d(\xi_n, \eta_n) + d(\eta_n, \tilde{\eta}_n).$$

从而,

$$\lim_{n\to\infty} d(\tilde{\xi}_n, \tilde{\eta}_n) \leqslant \lim_{n\to\infty} d(\xi_n, \eta_n).$$

类似可得

$$\lim_{n\to\infty} d(\xi_n, \eta_n) \leqslant \lim_{n\to\infty} d(\tilde{\xi}_n, \tilde{\eta}_n).$$

综上, 我们有

$$\lim_{n\to\infty} d(\tilde{\xi}_n, \tilde{\eta}_n) = \lim_{n\to\infty} d(\xi_n, \eta_n).$$

这说明 $\rho(x,y)$ 并不依赖于表示 x 和 y 的具体 Cauchy 列, 从而 $\rho(\cdot,\cdot)$ 的定义 (1.3.5) 是完善的. 其次, $\rho(\cdot,\cdot)$ 显然满足距离定义中的条件 (1) 和 (2), 并且对任意 $x = \{\xi_n\}, y = \{\eta_n\}, z = \{\zeta_n\} \in Y$, 有

$$\begin{aligned}\rho(x,y) &= \lim_{n\to\infty} d(\xi_n, \eta_n)\\ &\leqslant \lim_{n\to\infty} d(\xi_n, \zeta_n) + \lim_{n\to\infty} d(\zeta_n, \eta_n)\\ &\leqslant \lim_{n\to\infty} d(\xi_n, \zeta_n) + \lim_{n\to\infty} d(\eta_n, \zeta_n)\\ &= \rho(x,z) + \rho(y,z).\end{aligned}$$

即, $\rho(\cdot,\cdot)$ 满足距离定义中的条件 (3). 从而, Y 按距离 $\rho(\cdot,\cdot)$ 成为距离空间.

第二步: 构造 X 到 Y 的等距同构映射 T.

对任意 $x \in X$, 定义 $\langle X, d\rangle$ 到 $\langle Y, \rho\rangle$ 的映射 T 如下:

$$Tx = \{x, x, \cdots\},$$

记为 $\tilde{x}$. 则对任意 $y \in X$, 有 $Ty = \tilde{y} = \{y, y, \cdots\}$, 且

$$\rho(Tx, Ty) = \lim_{n\to\infty} d(x,y) = d(x,y).$$

即, 映射 $T : X \to Y$ 为一等距映射. 下证 TX 为 Y 的一稠密子集. 对任意 $x = \{\xi_n\} \in Y$, 作 $\tilde{\xi}_k = \{\xi_k, \xi_k, \cdots\}$, $k = 1, 2, \cdots$, 则 $\tilde{\xi}_k = T(\xi_k) \in TX$. 现对任意 $\varepsilon > 0$, 由于 $\{\xi_n\}_{n=1}^{\infty}$ 为 X 中的 Cauchy 列, 则存在正整数 N, 使得当 $n, m > N$ 时, 有 $d(\xi_n, \xi_m) < \varepsilon$. 从而当 $k > N$ 时,

$$\rho(x, \tilde{\xi}_k) = \lim_{n\to\infty} d(\xi_n, \xi_k) \leqslant \varepsilon.$$

由此可见 TX 为 Y 的一稠密子集.

第三步: 证明 Y 是完备的距离空间.

假设 $\{x_n\}_{n=1}^{\infty}$ 为 Y 中的任一 Cauchy 列, 由 TX 在 Y 中稠密知, 对每个 x_n, 存在 $\xi_n \in X$, 使得 $\tilde{\xi}_n = T(\xi_n) \in Y$ 且 $\rho(\tilde{\xi}_n, x_n) \leqslant \dfrac{1}{n}$. 从而

$$\begin{aligned}d(\xi_n, \xi_m) &= \rho(\tilde{\xi}_n, \tilde{\xi}_m)\\ &\leqslant \rho(\tilde{\xi}_n, x_n) + \rho(x_n, x_m) + \rho(x_m, \tilde{\xi}_m,)\\ &\leqslant \frac{1}{n} + \rho(x_n, x_m) + \frac{1}{m}.\end{aligned}$$

由此可见 $\{\xi_n\}_{n=1}^{\infty}$ 为 X 中的 Cauchy 列. 令 $x = \{\xi_n\}$, 则 $x \in Y$, 且当 $n \to \infty$ 时,

$$\rho(x_n, x) \leqslant \rho(x_n, \tilde{\xi}_n) + \rho(\tilde{\xi}_n, x) \leqslant \frac{1}{n} + \lim_{k\to\infty} d(\xi_n, \xi_k) \to 0.$$

即, $x_n \xrightarrow{\rho} x$. 从而 Y 是完备的距离空间. □

由于任何距离空间都存在完备化, 我们在以后的讨论中将主要研究完备的距离空间.

空间的完备化在应用中是非常重要的, 比如若不把有理数完备化, 那么像 $x^2 - 2 = 0$ 这类方程就没有解了. 最后, 我们给出下面常用的完备化空间的例子.

例1.3.3 容易验证:

(1) $(0,1) \subset \mathbb{R}$ 的完备化空间是 $[0,1]$;

(2) 区间 $[a,b]$ 上的多项式全体 $P[a,b]$ 按距离

$$d(f,g) = \max_{a\leqslant t\leqslant b} |\, f(t) - g(t)\,|$$

的完备化空间恰好是 $C[a,b]$.

1.4 列 紧 性

在 n 维欧几里得空间 $\mathbb{R}^n$ 中, Bolzano-Weierstrass 聚点原理告诉我们: 每个有界的无穷点集必有一个聚点. 但是这个结论在无穷维空间中是不成立的. 由于需要赋范线性空间的概念, 我们将在下一节中具体讨论. Bolzano-Weierstrass 聚点原理是经典分析中许多重要结论的基础. 为将此结论推广到任意距离空间, 我们需要引入下面关于列紧性的概念.

定义1.4.1 距离空间 $\langle X, d\rangle$ 中的集合 M 称为列紧的, 如果 M 中任何一个序列都含有收敛的子序列 (这个子序列的极限未必还在 M 中). 闭的列紧集称为自列紧集.

为了进一步研究列紧集的性质, 我们引入距离空间中关于 ε-网和完全有界集的概念.

定义1.4.2 假设 M, N 都是距离空间 $\langle X, d\rangle$ 中的集合, 对于给定的 $\varepsilon > 0$, 如果对任意 $x \in M$, 必存在 $x' \in N$, 使得 $d(x, x') < \varepsilon$, 则称 N 是 M 的 ε-网.

定义1.4.3 距离空间 X 中集合 M 称为完全有界的, 如果对任给 $\varepsilon > 0$, 总存在由 X 中有限个元组成的子集构成 M 的 ε-网.

定理1.4.1 若 M 是距离空间 $\langle X, d\rangle$ 中的完全有界集, 则 M 是可分的.

证明 首先, 由于 M 是距离空间 $\langle X, d\rangle$ 的完全有界集, 则对任意 $\varepsilon > 0$, 可以选取 M 的有限子集构成 M 的 ε-网. 为此, 对任意给定的 $\varepsilon > 0$, 存在 X 的有限子集 $\{y_1, \cdots, y_N\}$ 构成 M 的 $\frac{\varepsilon}{2}$-网. 现选取 $x_n \in M \cap B\left(y_n, \frac{\varepsilon}{2}\right)$, $n = 1, \cdots, N$,

则 $\{x_1, \cdots, x_N\} \subset M$, 且对任意 $x \in M$, 存在 x_j, $1 \leqslant j \leqslant N$, 使得 $d(x_j, x) \leqslant d(x_j, y_j) + d(y_j, x) < \varepsilon$. 从而 $\{x_1, \cdots, x_N\}$ 构成 M 的 ε-网.

其次, 现对任意正整数 n, 存在 M 的有限子集 A_n, 使得 A_n 构成 M 的 $\frac{1}{n}$-网. 现令

$$A = \bigcup_{n=1}^{\infty} A_n,$$

则 A 为 M 的一可数子集. 现对任意 $x \in M$ 和任意 $\varepsilon > 0$, 选取充分大的正整数 n, 使得 $\frac{1}{n} \leqslant \varepsilon$, 则由 A_n 为 M 的 $\frac{1}{n}$- 网知存在 $x_n \in A_n \subset A$, 使得 $d(x_n, x) < \frac{1}{n} \leqslant \varepsilon$. 可见, A 在 M 中稠密. 从而, M 是可分的. □

定理1.4.2　距离空间 $\langle X, d\rangle$ 中的列紧集必为完全有界集. 若 X 还是完备的距离空间, 则列紧性与完全有界性等价.

证明　假设 M 是 X 的列紧集, 如果 M 不是完全有界的, 则必存在某个 $\varepsilon_0 > 0$，使得 M 没有只包含有限个元构成的 ε_0-网. 从而任取 $x_1 \in M$, 必存在 $x_2 \in M$, 使得 $d(x_1, x_2) \geqslant \varepsilon_0$; 否则, $\{x_1\}$ 就构成 M 的有限 ε_0-网. 同理, 必存在 $x_3 \in M$, 使得 $d(x_j, x_3) \geqslant \varepsilon_0$, $j = 1, 2$. 继续这个步骤, 我们可以得到 M 中的一个序列 $\{x_n\}_{n=1}^{\infty}$, 使得当 $n \neq m$ 时, $d(x_n, x_m) \geqslant \varepsilon_0$. 显然, 序列 $\{x_n\}_{n=1}^{\infty}$ 不包含收敛的子序列. 这与 M 是列紧集矛盾. 从而 M 必为完全有界集.

现假设 $\langle X, d\rangle$ 是完备的距离空间, M 是 X 中的完全有界集, 下证 M 必为列紧集. 对于 M 中的任一序列 $\{x_n\}_{n=1}^{\infty}$, 不失一般性, 假设 $\{x_n\}_{n=1}^{\infty}$ 包含无穷多个元, 则对任意正整数 k, 由假设知必存在 M 的有限 $\frac{1}{k}$-网. 于是, 必存在 X 中半径为 1 的球 B_1, 它包含了 $\{x_n\}_{n=1}^{\infty}$ 中无穷个元. 记 $S_1 = B_1 \cap \{x_n\}_{n=1}^{\infty}$, 则 S_1 是 $\{x_n\}_{n=1}^{\infty}$ 的无穷子集. 又由假设知 M 有有限的 $\frac{1}{2}$-网, 则必存在 X 中半径为 $\frac{1}{2}$ 的球 B_2, 它包含了 S_1 中无穷多个元, 记 $S_2 = B_2 \cap S_1$. 如此继续这个步骤, 我们得到 X 中一串球 $\{B_n\}_{n=1}^{\infty}$, 其半径分别为 $\frac{1}{n}$, 以及 $\{x_n\}_{n=1}^{\infty}$ 的一串无穷子集 $\{S_k\}_{k=1}^{\infty}$, 满足

$$S_{k+1} \subset S_k \subset B_k, \quad k = 1, 2, \cdots.$$

现依次选取

$$\begin{aligned}
&x_{n_1} \in S_1, \\
&x_{n_2} \in S_2 \backslash \{x_{n_1}\}, \\
&\qquad \cdots\cdots \\
&x_{n_k} \in S_k \backslash \{x_{n_1}, \cdots, x_{n_{k-1}}\}, \\
&\qquad \cdots\cdots
\end{aligned}$$

于是当 $j > k$ 时, 有 $x_{n_j} \in B_k$, 且

$$d(x_{n_k}, x_{n_j}) < \frac{2}{k}.$$

从而, $\{x_{n_k}\}_{k=1}^{\infty}$ 是 X 中的 Cauchy 列. 由 X 的完备性知 $\{x_{n_k}\}_{k=1}^{\infty}$ 收敛. 故 M 为列紧集. □

类似于实变函数论中紧集的定义, 我们称距离空间 X 中的集合 M 为紧的, 如果 M 的任何开覆盖都存在有限的子覆盖. 在 n 维欧几里得空间 $\mathbb{R}^n$ 中, Borel 有限覆盖定理告诉我们: 有界闭集的任意开覆盖都存在有限的子覆盖. 但在一般的距离空间中, 这样的结论可能不成立. 比如, 在有界序列空间 l^{∞} 中记集合

$$A = \left\{ x_n = \{\xi_j^{(n)}\} : \xi_j^{(n)} = \begin{cases} 1, & j = n, \\ 0, & j \neq n \end{cases} \right\},$$

显然, A 为 l^{∞} 的有界闭集. 现对任意正数 $\varepsilon < \frac{1}{2}$, 令 $S_n = B(x_n, \varepsilon)$, 则 $A \subset \bigcup_{n=1}^{\infty} S_n$. 然而, 对任意 $m \neq n$, $S_m \cap S_n = \varnothing$, 故 $\{S_n\}_{n=1}^{\infty}$ 的任意有限个子集之并都不能包含 A, 即不存在 $\{S_n\}_{n=1}^{\infty}$ 的有限子集族覆盖 A. 那么一个自然的问题就是: 在距离空间中, 有限覆盖定理对什么样的集合才成立? 或者说, 距离空间中什么样的集合才是紧的呢? 下列定理对此作出了回答.

定理1.4.3 假设 M 是距离空间 $\langle X, d\rangle$ 中的点集, 则 M 为紧集的充要条件为它是自列紧集.

证明 必要性. 假设 $\{x_n\}_{n=1}^{\infty}$ 是紧集 M 中任一序列, 若 $\{x_n\}_{n=1}^{\infty}$ 中不存在收敛于 M 中某点的子序列, 则对任意 $x \in M$, 必存在 $\delta_x > 0$, 使得球 $B(x, \delta_x)$ 中不包含 $\{x_n\}_{n=1}^{\infty}$ 中异于 x 的点. 否则, 存在某个 $x \in M$, 对任意 $\varepsilon > 0$, 有 $[B(x,\varepsilon) \setminus \{x\}] \cap \{x_n\}_{n=1}^{\infty} \neq \varnothing$. 现取 $\varepsilon_k = \frac{1}{k}$ 和 $y_k \in [B(x, \varepsilon_k) \setminus \{x\}] \cap \{x_n\}_{n=1}^{\infty}$, 则 $\{y_k\}_{k=1}^{\infty} \subset \{x_n\}_{n=1}^{\infty}$ 且 $d(y_k, x) < \frac{1}{k} \to 0$. 这与假设 $\{x_n\}_{n=1}^{\infty}$ 中不存在收敛于 M 中某点的子序列矛盾. 我们注意到: $B(x, \delta_x)$ 的全体形成 M 的一个开覆盖, 即

$$M \subset \bigcup_{x \in M} B(x, \delta_x).$$

由 M 是紧集知存在 $y_1, \cdots, y_N \in M$, 使得

$$\bigcup_{j=1}^{N} B(y_j, \delta_{y_j}) \supset M \supset \{x_n\}_{n=1}^{\infty}.$$

由于 $[B(y_j, \delta_{y_j}) \setminus \{y_j\}] \cap \{x_n\}_{n=1}^{\infty} = \varnothing$, 则 $B(y_j, \delta_{y_j}) \cap \{x_n\}_{n=1}^{\infty}$ 只可能是单点集或者空集, 从而 $\{x_n\}_{n=1}^{\infty}$ 只能有有限个不同的点. 这必然导致至少有一个点重复出现

无穷多次, 从而 $\{x_n\}_{n=1}^{\infty}$ 中有收敛于 M 中某点的子序列. 这与假设矛盾, 故 M 必为自列紧集.

充分性. 假设 M 是自列紧集, 由定理 1.4.1 和定理 1.4.2 知 M 是可分的, 从而 M 中存在可数子集 M_0 在 M 中稠密. 现假设 $\{G_\lambda\}_{\lambda\in\Lambda}$ 是 M 的一个开覆盖, 则对任意 $x\in M$, 必存在某个 G_λ, 使得 $x\in G_\lambda$. 又因为 G_λ 是开集, 则存在 $\delta>0$, 使得 $B(x,\delta)\subset G_\lambda$. 由于 M_0 在 M 中稠密, 则存在某个 $x'\in M_0$ 及有理数 $r'>0$, 使得

$$x\in B(x',r')\subset B(x,\delta)\subset G_\lambda.$$

现考虑以 M_0 的元为心, 正有理数为半径, 且包含于某个 G_λ 的球的全体. 首先, 这些球至多可数, 记为 $B_1,B_2,\cdots$. 其次, 根据构造它们构成了 M 的一个开覆盖. 我们断言, $\{B_n\}_{n=1}^{\infty}$ 中必有 M 的一个有限子覆盖. 否则, 对每个正整数 n, 都存在点 $x_n\in M\backslash[\bigcup_{j=1}^{n}B_j]$. 由 M 是自列紧集知 $\{x_n\}_{n=1}^{\infty}$ 中必存在一个子序列 $\{x_{n_k}\}_{k=1}^{\infty}$ 收敛于 M 中一点, 记为 x_0. 显然, x_0 不属于任何 B_n, $1\leqslant n<\infty$. 这与 $\{B_n\}_{n=1}^{\infty}$ 是 M 的一个覆盖相矛盾. 故 $\{B_n\}_{n=1}^{\infty}$ 中存在有限个球 $\{B_1,\cdots,B_N\}$ 覆盖了 M. 由 B_j 的构造, 有 G_{λ_j}, $\lambda_j\in\Lambda$, 使得 $G_{\lambda_j}\supset B_j$, $j=1,\cdots,N$. 于是, $\{G_{\lambda_1},\cdots,G_{\lambda_N}\}$ 是 $\{G_\lambda\}_{\lambda\in\Lambda}$ 中 M 的有限子覆盖. 故 M 是紧集. □

紧集是距离空间中非常重要的概念. 那么, 如何判断一个集合是否是紧的呢? 分析学中一个典型的方法就是所谓的对角线方法. 具体来讲, 对角线方法就是从一个具有二重指标的有界数列 $\{a_{nk}\}_{k=1}^{\infty}$ 中选出子序列 $\{a_{nk_j}\}_{j=1}^{\infty}$, 使得对每一个 n, 序列 $\{a_{nk_j}\}_{j=1}^{\infty}$ 都收敛. 详细步骤如下: 先从 $\{a_{1k}\}_{k=1}^{\infty}$ 中选出一个收敛的子序列, 记为 $\{a_{1k_1(j)}\}_{j=1}^{\infty}$. 事实上, 由于 $\{a_{1k}\}_{k=1}^{\infty}$ 为有界数列, 上述子序列一定存在. 其次, 再考察序列 $\{a_{2k_1(j)}\}_{j=1}^{\infty}$, 由于它有界, 则可以从中选出收敛的子序列, 记为 $\{a_{2k_2(j)}\}_{j=1}^{\infty}$. 这里注意到 $\{a_{1k_2(j)}\}_{j=1}^{\infty}$ 是 $\{a_{1k_1(j)}\}_{j=1}^{\infty}$ 的子序列, 从而 $\{a_{1k_2(j)}\}_{j=1}^{\infty}$ 也收敛. 按照此步骤一直进行下去, 我们可得如下一串收敛数列排成的无穷方阵:

$$\begin{bmatrix} a_{1k_1(1)} & a_{1k_1(2)} & \cdots & a_{1k_1(j)} & \cdots \\ a_{2k_2(1)} & a_{2k_2(2)} & \cdots & a_{2k_2(j)} & \cdots \\ \vdots & \vdots & & \vdots & \\ a_{nk_n(1)} & a_{nk_n(2)} & \cdots & a_{nk_n(j)} & \cdots \\ \vdots & \vdots & & \vdots & \end{bmatrix}. \tag{1.4.1}$$

对应地, 我们把上述方阵每行的第二个指标排成一个无穷方阵如下:

$$\begin{bmatrix} k_1(1) & k_1(2) & \cdots & k_1(j) & \cdots \\ k_2(1) & k_2(2) & \cdots & k_2(j) & \cdots \\ \vdots & \vdots & & \vdots & \\ k_n(1) & k_n(2) & \cdots & k_n(j) & \cdots \\ \vdots & \vdots & & \vdots & \end{bmatrix}. \tag{1.4.2}$$

根据前面的选取, 我们知道方阵 (1.4.2) 中任意一行的指标序列都是上一行指标序列的子序列, 即 $\{k_{n+1}(j)\}_{j=1}^{\infty}$ 是 $\{k_n(j)\}_{j=1}^{\infty}$ 的子序列, $n=1,2,\cdots$. 现对每个 n, 选取子序列 $\{a_{nk_j(j)}\}_{j=1}^{\infty}$. 当 $j \geqslant n$ 时, $\{a_{nk_j(j)}\}_{j=1}^{\infty}$ 是 $\{a_{nk_n(j)}\}_{j=1}^{\infty}$ 的子序列, 由 $\{a_{nk_n(j)}\}_{j=1}^{\infty}$ 收敛知 $\{a_{nk_j(j)}\}_{j=1}^{\infty}$ 也收敛, 即对任意 n, 数列 $\{a_{nk_j(j)}\}_{j=1}^{\infty}$ 收敛.

我们注意到指标序列 $\{k_j(j)\}_{j=1}^{\infty}$ 恰好是方阵 (1.4.2) 对角线上的元素, 故此方法称为对角线方法.

作为对角线方法的应用, 我们证明下面著名的 Arzelà-Ascoli 定理, 它回答了函数空间 $C[0,1]$ 中的函数族 $\mathscr{A}$ 何时是列紧的. 在给出定理之前, 我们引入下列关于等度连续的概念.

定义1.4.4 令 $\mathscr{A}$ 是 $C[0,1]$ 中一族函数. 如果对任意 $\varepsilon>0$, 存在 $\delta>0$, 使得对于一切 $f\in\mathscr{A}$, 当 $|t-t'|<\delta$ 时, 有

$$|f(t)-f(t')|<\varepsilon,$$

则称 $\mathscr{A}$ 是等度连续的.

定理1.4.4 (Arzelà-Ascoli) 函数族 $\mathscr{A}\subset C[0,1]$ 是列紧的当且仅当

(1) $\mathscr{A}$ 是一致有界的, 即存在正常数 C, 使得对任意 $f\in\mathscr{A}$, 有

$$\sup_{t\in[0,1]}|f(t)|\leqslant C;$$

(2) $\mathscr{A}$ 是等度连续的.

证明 必要性. 假设函数族 $\mathscr{A}$ 是列紧的, 由定理 1.4.2 知 $\mathscr{A}$ 是完全有界的, 从而 $\mathscr{A}$ 是一致有界的, 且对任意 $\varepsilon>0$, $\mathscr{A}$ 存在由有限个元组成的 $\frac{\varepsilon}{3}$-网, 不妨记为 $\{f_1,\cdots,f_N\}$. 则对任意 $f\in C[0,1]$, 存在一个 f_j, $1\leqslant j\leqslant N$, 使得

$$d(f,f_j)<\frac{\varepsilon}{3},$$

这里 $d(\cdot,\cdot)$ 是 $C[0,1]$ 上的距离 (见定义 1.3.1). 由于 $f_j\in C[0,1]$, $1\leqslant j\leqslant N$, 则 $f_1(t),\cdots,f_N(t)$ 都是 $[0,1]$ 上的一致连续函数. 因此, 存在 $\delta>0$, 使得当 $|t-t'|<\delta$ 且 $1\leqslant j\leqslant N$ 时, 有

$$|f_j(t)-f_j(t')|<\frac{\varepsilon}{3}.$$

于是, 对任意 $f\in\mathscr{A}$, 当 $|t-t'|<\delta$ 时, 有

$$\begin{aligned}|f(t)-f(t')|&\leqslant|f(t)-f_j(t)|+|f_j(t)-f_j(t')|+|f_j(t')-f(t')|\\&\leqslant d(f,f_j)+|f_j(t)-f_j(t')|+d(f,f_j)\\&<\frac{\varepsilon}{3}+\frac{\varepsilon}{3}+\frac{\varepsilon}{3}\\&=\varepsilon.\end{aligned}$$

即 $\mathscr{A}$ 是等度连续的.

充分性. 令 $\{f_n\}_{n=1}^{\infty}$ 是 $\mathscr{A}$ 中的一个无穷序列. 由于 $C[0,1]$ 中序列 $\{f_n\}_{n=1}^{\infty}$ 收敛等价于 $\{f_n(t)\}_{n=1}^{\infty}$ 在 $[0,1]$ 上一致收敛, 故只需证明 $\{f_n(t)\}_{n=1}^{\infty}$ 存在某个子序列 $\{f_{n_j}(t)\}_{j=1}^{\infty}$ 在 $[0,1]$ 上一致收敛即可.

现将 $[0,1]$ 区间中全体有理数排成序列 $r_1, r_2, \cdots, r_k, \cdots$, 并考察下列无穷方阵

$$\begin{bmatrix} f_1(r_1) & f_1(r_2) & \cdots & f_1(r_k) & \cdots \\ f_2(r_1) & f_2(r_2) & \cdots & f_2(r_k) & \cdots \\ \vdots & \vdots & & \vdots & \\ f_n(r_1) & f_n(r_2) & \cdots & f_n(r_k) & \cdots \\ \vdots & \vdots & & \vdots & \end{bmatrix}. \tag{1.4.3}$$

由假设知它们是一致有界的. 根据前面的对角线方法, 可以选出子序列 $\{f_{n_{j(j)}}(t)\}_{j=1}^{\infty}$, 简记为 $\{f_{n_j}(t)\}_{j=1}^{\infty}$, 在一切 r_k, $k=1,2,\cdots$ 处收敛.

现对任给的 $\varepsilon>0$, 由 $\{f_{n_j}(t)\}_{j=1}^{\infty}$ 的等度连续性知, 存在 $\delta>0$, 使得当 $|t-t'|<\delta$ 时, 对一切的 $j=1,2,\cdots$, 有

$$|f_{n_j}(t)-f_{n_j}(t')|<\frac{\varepsilon}{3}.$$

由于有理数的全体在实数域 $\mathbb{R}$ 中稠密, 则

$$[0,1]\subset\bigcup_{k=1}^{\infty}(r_k-\delta, r_k+\delta).$$

显然, $[0,1]$ 是 $\mathbb{R}$ 中的紧集, 由 Borel 有限覆盖定理知存在有限个 r_k, $k=1,\cdots,K$, 使得

$$[0,1]\subset\bigcup_{k=1}^{K}(r_k-\delta, r_k+\delta).$$

由于 $\{f_{n_j}(t)\}_{j=1}^{\infty}$ 在一切 r_k, $k=1,2,\cdots$ 处收敛, 于是存在正整数 N, 当 $j,l\geqslant N$ 时, 对每个 $k=1,\cdots,K$, 有

$$|f_{n_j}(r_k)-f_{n_l}(r_k)|<\frac{\varepsilon}{3}.$$

现对任意 $t\in[0,1]$, 必存在某个 r_k, $k=1,\cdots,K$, 使得 $|t-r_k|<\delta$, 并且当 $j,l\geqslant N$ 时, 有

$$\begin{aligned} &|f_{n_j}(t)-f_{n_l}(t)| \\ \leqslant&|f_{n_j}(t)-f_{n_j}(r_k)|+|f_{n_j}(r_k)-f_{n_l}(r_k)|+|f_{n_l}(r_k)-f_{n_l}(t)| \\ <&\frac{\varepsilon}{3}+\frac{\varepsilon}{3}+\frac{\varepsilon}{3} \\ =&\varepsilon. \end{aligned}$$

即, 子序列 $\{f_{n_j}(t)\}_{j=1}^{\infty}$ 在 $[0,1]$ 上一致收敛. □

注1.4.1 令 $M \subset \mathbb{R}^n$ 为紧集, 则 M 上全体连续函数按逐点定义加法和数乘运算形成一个线性空间, 记为 $C(M)$. 若对 $C(M)$ 上任意函数 f 和 g 定义距离如下:

$$d(f,g) = \max_{t \in M} |f(t) - g(t)|.$$

容易验证 $C(M)$ 按上述距离成为一个距离线性空间, 并且上述 Arzelà-Ascoli 定理对 $C(M)$ 也是成立的.

1.5 赋范线性空间

众所周知, 我们称线性空间中的元为向量, 这是因为它跟二维平面和三维空间中的向量有着类似的特征. 但是线性空间中的向量与有限维欧几里得空间中的向量有着不同, 一般线性空间中的向量不一定有所谓的“长度”, 除非我们事先给它赋予某种合适的定义, 即下面关于范数的定义.

定义1.5.1 假设 X 是实 (或者复) 数域 $\mathbb{K}$ 上的线性空间, 若有从 X 到实数域 $\mathbb{R}$ 的映射 $\|\cdot\|$ 满足

(1) (非负性) 对任意 $x \in X$, 有 $\|x\| \geqslant 0, \|x\| = 0$ 当且仅当 $x = 0$;

(2) (正齐性) 对任意 $\alpha \in \mathbb{K}$ 和 $x \in X$, 有 $\|\alpha x\| = |\alpha| \cdot \|x\|$;

(3) (三角不等式) 对任意 $x, y \in X$, $\|x+y\| \leqslant \|x\| + \|y\|$,

则称 X 为实 (或复) 赋范线性空间, 记为 $\langle X, \|\cdot\|\rangle$, $\|x\|$ 称为 x 的范数.

例1.5.1 容易验证:

(1) 例 1.1.2 中的连续函数空间 $C[0,1]$ 按

$$\|f\| = \max_{0 \leqslant t \leqslant 1} |f(t)|$$

成为赋范线性空间;

(2) 例 1.1.4 中有界序列空间 l^{∞} 按

$$\|x\|_{\infty} = \sup_{1 \leqslant j < \infty} |\xi_j|$$

成为赋范线性空间;

(3) 例 1.1.7 中空间 l^p 按

$$\|x\|_p = \left(\sum_{j=1}^{\infty} |\xi_j|^p \right)^{\frac{1}{p}}$$

成为赋范线性空间;

(4) 例 1.1.8 中本性有界可测函数空间 $L^\infty[a,b]$ 按

$$\|f\|_\infty = \operatorname{ess}\sup_{t\in[a,b]} |f(t)|$$

成为赋范线性空间;

(5) 例 1.1.9 中 p 方可积函数空间 $L^p[a,b]$ 按

$$\|f\|_p = \left(\int_a^b |f(t)|^p \mathrm{d}t\right)^{\frac{1}{p}}$$

成为赋范线性空间.

例1.5.2 假设 D 是复平面 $\mathbb{C}$ 的单位圆盘, 即 $D=\{z\in\mathbb{C}:|z|<1\}$, 现令

$$L_a^2(D)=\left\{f: f\text{在}D\text{中解析, 且满足}\int_D |f(z)|^2\mathrm{d}A<\infty\right\},$$

这里 dA 是 D 上的面积微元. 显然, $L_a^2(D)$ 按逐点定义加法和数乘运算成为线性空间. 现对任意 $f\in L_a^2(D)$, 定义

$$\|f\|_2=\left(\int_D |f(z)|^2\mathrm{d}A\right)^{\frac{1}{2}},$$

容易验证 $\|\cdot\|_2$ 满足范数的定义, 即 $L_a^2(D)$ 按此范数成为赋范线性空间. 此空间 $\langle L_a^2, \|\cdot\|_2\rangle$ 称为 Bergman 空间.

我们这里需要指出, 对于给定的线性空间 X, 其上通常可以定义多个范数, 这就存在不同范数之间的比较问题. 为此, 我们引入下面的定义.

定义1.5.2 令 $\|\cdot\|_1$ 和 $\|\cdot\|_2$ 均为线性空间 X 上的范数. 若存在正常数 C, 使得对任意 $x\in X$, 有

$$\|x\|_1 \leqslant C\|x\|_2,$$

则称范数 $\|\cdot\|_2$ 强于范数 $\|\cdot\|_1$. 若既有范数 $\|\cdot\|_1$ 强于范数 $\|\cdot\|_2$, 又有范数 $\|\cdot\|_2$ 强于范数 $\|\cdot\|_1$, 则称范数 $\|\cdot\|_1$ 与范数 $\|\cdot\|_2$ 等价.

下面我们考察赋范线性空间的一些基本的性质. 首先, 赋范线性空间也是一个距离线性空间. 为此, 我们总可以在赋范线性空间 $\langle X, \|\cdot\|\rangle$ 中引入一个距离

$$d(x,y)=\|x-y\|,$$

这里 $x,y\in X$. 容易验证, 如此定义的 $d(\cdot,\cdot)$ 满足距离的定义, 并且 X 中的线性运算按此距离是连续的. 即, $\langle X,d\rangle$ 成为一个距离线性空间. 我们称赋范线性空间 $\langle X, \|\cdot\|\rangle$ 中的序列 $\{x_n\}_{n=1}^\infty$ 收敛, 即 $\lim_{n\to\infty}x_n=x$, 如果当 $n\to\infty$ 时, 有

$$\|x_n-x\|\to 0,$$

记为 $x_n \xrightarrow{\|\cdot\|} x$, 或简记为 $x_n\to x$. 完备的赋范线性空间称为 Banach 空间.

命题1.5.1 在赋范线性空间 $\langle X,\|\cdot\|\rangle$ 中, 范数 $\|\cdot\|$ 关于 $x \in X$ 是连续的.

证明 假设 $\{x_n\}_{n=1}^{\infty}$ 收敛于 x, 即当 $n\to\infty$ 时, 有 $\|x_n - x\|\to 0$, 则分别由

$$\|x_n\| \leqslant \|x_n - x\| + \|x\|$$

和

$$\|x\| \leqslant \|x - x_n\| + \|x_n\|$$

知

$$|\|x_n\| - \|x\|| \leqslant \|x_n - x\| \to 0,$$

当 $n\to\infty$ 时. 从而 $\lim_{n\to\infty}\|x_n\| = \|x\|$. □

命题1.5.2 假设 $\{x_1,\cdots,x_n\}$ 是赋范线性空间 $\langle X,\|\cdot\|\rangle$ 中的线性无关组, 则存在正常数 μ, 使得对于所有的 n 元数组 $\{\alpha_1,\cdots,\alpha_n\}$, 有

$$|\alpha_1| + \cdots + |\alpha_n| \leqslant \mu\|\alpha_1 x_1 + \cdots + \alpha_n x_n\|$$

成立.

证明 不妨设 n 元数组 $\{\alpha_1,\cdots,\alpha_n\}$ 不全为零, 否则结论显然成立. 现令

$$r = \inf\left\{\|\alpha_1 x_1 + \cdots + \alpha_n x_n\| : |\alpha_1| + \cdots + |\alpha_n| = 1\right\},$$

显然, $r \geqslant 0$. 如果 $r > 0$, 则取 $\mu = \dfrac{1}{r}$, 并由 r 的定义知, 当 $|\alpha_1| + \cdots + |\alpha_n| = 1$ 时, 有

$$1 \leqslant \mu\|\alpha_1 x_1 + \cdots + \alpha_n x_n\|.$$

而对于一般的不全为零的 n 元数组 $\{\alpha_1,\cdots,\alpha_n\}$, 我们有

$$1 \leqslant \mu\left\|\sum_{l=1}^{n}\frac{\alpha_l}{\sum_{j=1}^{n}|\alpha_j|}x_l\right\|.$$

从而命题得证. 下证 $r > 0$.

由下确界的定义, 对于任意正整数 k, 有

$$y_k = \sum_{j=1}^{n}\alpha_j^{(k)}x_j, \quad \sum_{j=1}^{n}|\alpha_j^{(k)}| = 1,$$

使得当 $k\to\infty$ 时, 有

$$\|y_k\| \to r. \tag{1.5.1}$$

由 $\sum_{j=1}^n |\alpha_j^{(k)}| = 1$ 知, 对于任意 $1 \leqslant j \leqslant n$, $k = 1, 2, \cdots$, 有 $|\alpha_j^{(k)}| \leqslant 1$. 从而存在 $\{k\}_{k=1}^\infty$ 的子序列 $\{k_m\}_{m=1}^\infty$, 使得当 $m \to \infty$ 时, 对于任意 $1 \leqslant j \leqslant n$, 有

$$\alpha_j^{(k_m)} \to \beta_j,$$

且

$$|\beta_1| + \cdots + |\beta_n| = 1.$$

现在令 $x = \beta_1 x_1 + \cdots + \beta_n x_n$, 由 $\{x_1, \cdots, x_n\}$ 线性无关知 $x \neq 0$. 从而 $\|x\| > 0$. 另外, 由

$$\begin{aligned}\|y_{k_m} - x\| &= \left\| \sum_{j=1}^n \alpha_j^{(k_m)} x_j - \sum_{j=1}^n \beta_j x_j \right\| \\ &\leqslant \sum_{j=1}^n |\alpha_j^{(k_m)} - \beta_j| \|x_j\|\end{aligned}$$

可得当 $m \to \infty$ 时, 有 $y_{k_m} \to x$. 由命题 1.5.1 知当 $m \to \infty$ 时, 有

$$\|y_{k_m}\| \to \|x\|. \tag{1.5.2}$$

结合 (1.5.1) 式和 (1.5.2) 式可得 $r = \|x\| > 0$. □

由上面命题可导出下列关于有限维赋范线性空间的重要结论: 有限维赋范线性空间中点列的收敛等价于按坐标收敛.

命题1.5.3　假设 $\{e_1, \cdots, e_n\}$ 为赋范线性空间 $\langle X, \|\cdot\| \rangle$ 的一组基, 若令 $y_k = \sum_{j=1}^n \alpha_j^{(k)} e_j$, $y = \sum_{j=1}^n \alpha_j e_j$, 则

$$\lim_{k \to \infty} y_k = y,$$

当且仅当

$$\lim_{k \to \infty} \alpha_j^{(k)} = \alpha_j, \quad j = 1, \cdots, n.$$

证明　由于

$$y_k - y = \sum_{j=1}^n (\alpha_j^{(k)} - \alpha_j) e_j, \quad k = 1, 2, \cdots, \tag{1.5.3}$$

则由命题 1.5.2 知存在正常数 μ, 对任意正整数 k, 有

$$\sum_{j=1}^n |\alpha_j^{(k)} - \alpha_j| \leqslant \mu \left\| \sum_{j=1}^n (\alpha_j^{(k)} - \alpha_j) e_j \right\| = \mu \|y_k - y\|.$$

从而必要性得证.

另外, 由 (1.5.3) 式易得

$$\|y_k - y\| \leqslant \sum_{j=1}^{n} |\alpha_j^{(k)} - \alpha_j| \|e_j\|.$$

故充分性也显然成立. □

命题1.5.4 在有限维赋范线性空间 $\langle X, \|\cdot\| \rangle$ 中, Bolzano-Weierstrass 聚点原理成立.

证明 假设 $\{e_1, \cdots, e_n\}$ 是 $\langle X, \|\cdot\| \rangle$ 的一组基, 令 X 中的有界序列如下:

$$y_k = \sum_{j=1}^{n} \alpha_j^{(k)} e_j, \quad 且 \|y_k\| \leqslant K,$$

这里 $k = 1, 2, \cdots$, K 为一正常数. 下证 $\{y_k\}_{k=1}^{\infty}$ 中存在收敛的子序列.

由命题 1.5.2 知存在正常数 μ, 使得

$$\sum_{j=1}^{n} |\alpha_j^{(k)}| \leqslant \mu \left\| \sum_{j=1}^{n} \alpha_j^{(k)} e_j \right\| = \mu \|y_k\| \leqslant \mu K.$$

从而必存在 $\{k\}_{k=1}^{\infty}$ 的子序列 $\{k_m\}_{m=1}^{\infty}$, 使得对于每个 $1 \leqslant j \leqslant n$, 有

$$\lim_{m \to \infty} \alpha_j^{(k_m)} = \alpha_j$$

存在且有限. 现令 $y = \sum_{j=1}^{n} \alpha_j e_j$, 则 $y \in X$ 且由命题 1.5.3 知

$$\lim_{m \to \infty} y_{k_m} = y.$$ □

众所周知, 有限维空间中的上述原理是分析学中许多重要结论成立的基础. 因此, 一个很自然的问题就是: 在一般的距离空间或者赋范空间中, 类似的结论是否还成立? 很遗憾, 回答是否定的. 例如, 1.4 节给出的 l^{∞} 空间中的集合

$$A = \left\{ x_n = \{\xi_j^{(n)}\} : \xi_j^{(n)} = \begin{cases} 1, & j = n, \\ 0, & j \neq n \end{cases} \right\},$$

显然 A 是 l^{∞} 中的有界无穷集. 但是, 对于任意正整数 $m \neq n$, 有 $\|x_m - x_n\|_{\infty} = 1$. 从而 A 中没有收敛的点列. 引用 1.4 节中列紧集的概念, 我们可得: 赋范线性空间中的有界闭集未必是列紧的. 事实上, 由下面著名的 Riesz 引理, 我们可以证明: 如果赋范线性空间 X 中的单位球 $B = \{x \in X : \|x\| \leqslant 1\}$ 是列紧的当且仅当 X 是有限维的. 在给出 Riesz 引理之前, 我们需要给出下面关于子空间的概念.

定义1.5.3 距离空间中闭的线性流形称为子空间.

定理1.5.1 (Riesz 引理) 假设 M 是赋范线性空间 $\langle X, \|\cdot\|\rangle$ 的真子空间, 即 $M \neq X$, 则对任意正数 $\varepsilon < 1$, 必存在 $x_\varepsilon \in X$, 使得 $\|x_\varepsilon\| = 1$ 且

$$\operatorname{dist}(x_\varepsilon, M) \geqslant 1 - \varepsilon, \tag{1.5.4}$$

这里 $\operatorname{dist}(x_\varepsilon, M) = \inf_{x \in M} \|x - x_\varepsilon\|$.

证明 由于 M 是 X 的闭的真子空间, 则可以取定 $x_0 \in X \backslash M$, 且 $\operatorname{dist}(x_0, M) = d > 0$. 对任给的 $0 < \varepsilon < 1$ 与 $\eta > 0$, 由 d 的定义知存在 $y_0 \in M$, 使得

$$d \leqslant \|x_0 - y_0\| < d + \eta.$$

现在令

$$x_\varepsilon = \frac{x_0 - y_0}{\|x_0 - y_0\|},$$

则 $x_\varepsilon \in X$, 且 $\|x_\varepsilon\| = 1$. 而对任意 $x \in M$,

$$\begin{aligned}\|x - x_\varepsilon\| &= \left\| x - \frac{x_0 - y_0}{\|x_0 - y_0\|} \right\| \\ &= \frac{\|(\|x_0 - y_0\| x + y_0) - x_0\|}{\|x_0 - y_0\|} \\ &\geqslant \frac{d}{d + \eta}.\end{aligned}$$

若取 $\eta \leqslant d\varepsilon$, 则 $\|x - x_\varepsilon\| \geqslant \dfrac{d}{d + \eta} \geqslant 1 - \varepsilon$. □

1.6 内积空间与 Hilbert 空间

在 n 维欧几里得空间 $\mathbb{R}^n$ 中, 任意非零向量的夹角是利用内积来定义的, 即对于 $\mathbb{R}^n$ 中任意两个非零向量 u 和 v, 其夹角定义为

$$\theta \triangleq \arccos \frac{(u, v)}{\|u\| \cdot \|v\|}.$$

这里 (u, v) 表示 u 和 v 的内积, $\|u\|$ 表示向量 u 的长度, 且

$$\|u\| \triangleq \sqrt{(u, u)}.$$

$\mathbb{R}^n$ 中的内积的概念我们已经熟知, 下面将其性质抽象出来, 从而考虑无穷维空间中内积的概念.

定义1.6.1 假设 X 为复数域 $\mathbb{C}$ 上的线性空间, $(\cdot,\cdot)$ 是 $X\times X$ 到 $\mathbb{C}$ 的二元函数, 使得对任意 $x,y,z\in X$ 和 $\alpha\in\mathbb{C}$, 有

(1) $(x,x)\geqslant 0$, $(x,x)=0$ 当且仅当 $x=0$;

(2) $(x+y,z)=(x,z)+(y+z)$;

(3) $(\alpha x,y)=\alpha(x,y)$;

(4) $(x,y)=\overline{(y,x)}$,

则称 $(\cdot,\cdot)$ 为 X 上的内积, 并称 X 为具有内积 $(\cdot,\cdot)$ 的内积空间, 记为 $\langle X,(\cdot,\cdot)\rangle$.

由上述内积的定义不难验证 $(x,\alpha y)=\bar{\alpha}(x,y)$, 这里 $x,y\in X$, $\alpha\in\mathbb{C}$.

例1.6.1 若在 $L^2[a,b]$ 上定义

$$(f,g)=\int_a^b f(t)g(t)\mathrm{d}t,$$

这里 $f,g\in L^2[a,b]$, 则容易验证 $(\cdot,\cdot)$ 为 $L^2[a,b]$ 上的内积, 从而 $L^2[a,b]$ 按此内积成为内积空间.

在内积空间 $\langle X,(\cdot,\cdot)\rangle$ 中, 对任意 $x\in X$, 我们定义

$$\|x\|=[(x,x)]^{1/2}. \tag{1.6.1}$$

我们即将证明 $\|\cdot\|$ 满足范数的定义, 从而 X 按此范数成为赋范线性空间. 为此, 我们先证明下列著名的 Cauchy-Schwarz 不等式.

定理1.6.1 (Cauchy-Schwarz 不等式) 假设 $\langle X,(\cdot,\cdot)\rangle$ 是内积空间, 则对任意 $x,y\in X$, 有

$$|(x,y)|\leqslant\|x\|\cdot\|y\|. \tag{1.6.2}$$

证明 若 $y=0$, 则 (1.6.2) 式显然成立. 若 $y\neq 0$, 则对任意 $\alpha\in\mathbb{C}$, 有

$$\begin{aligned}0&\leqslant(x+\alpha y,x+\alpha y)\\&=(x,x)+(\alpha y,x)+(x,\alpha y)+(\alpha y,\alpha y)\\&=\|x\|^2+\alpha(y,x)+\bar{\alpha}(x,y)+|\alpha|^2\|y\|^2.\end{aligned}$$

现取 $\alpha=-\dfrac{(x,y)}{\|y\|^2}$ 并代入上式可得

$$\begin{aligned}0&\leqslant\|x\|^2-2\frac{|(x,y)|^2}{\|y\|^2}+\frac{|(x,y)|^2}{\|y\|^2}\\&=\|x\|^2-\frac{|(x,y)|^2}{\|y\|^2}.\end{aligned}$$

即, $\|x\|^2\|y\|^2-|(x,y)|^2\geqslant 0$. 从而 $|(x,y)|\leqslant\|x\|\cdot\|y\|$. □

定理1.6.2 每个内积空间 $\langle X,(\cdot,\cdot)\rangle$ 按 (1.6.1) 式所定义的范数成为赋范线性空间.

证明 由内积的定义, 范数 $\|\cdot\|=[(\cdot,\cdot)]^{1/2}$ 显然满足范数定义中的非负性和正齐性, 下证它也满足三角不等式. 对于任意 $x,y\in X$,

$$\begin{aligned}\|x+y\|^2&=(x+y,x+y)\\&=(x,x)+(y,x)+(x,y)+(y,y)\\&=\|x\|^2+2\Re(x,y)+\|y\|^2\\&\leqslant\|x\|^2+2|(x,y)|+\|y\|^2.\end{aligned}$$

由 Cauchy-Schwarz 不等式 (1.6.2) 可得

$$\begin{aligned}\|x+y\|^2&\leqslant\|x\|^2+2\|x\|\cdot\|y\|+\|y\|^2\\&=(\|x\|+\|y\|)^2.\end{aligned}$$

即, $\|x+y\|\leqslant\|x\|+\|y\|$. □

命题1.6.1 在内积空间内积 $\langle X,(\cdot,\cdot)\rangle$ 中, 内积 $(\cdot,\cdot)$ 是关于范数 $\|\cdot\|$ 的一个二元连续函数, 即当 $\|x_n-x\|\to 0,\|y_n-y\|\to 0$ 时, 有

$$(x_n,y_n)\to(x,y).$$

证明 假设 $x_n\xrightarrow{\|\cdot\|}x$, $y_n\xrightarrow{\|\cdot\|}y$, 则 $\{\|x_n\|\}_{n=1}^{\infty}$ 和 $\{\|y_n\|\}_{n=1}^{\infty}$ 均为有界数列, 并且当 $n\to\infty$ 时, 有

$$\begin{aligned}|(x_n,y_n)-(x,y)|&=|(x_n-x,y_n)+(x,y_n-y)|\\&\leqslant\|x_n-x\|\cdot\|y_n\|+\|x\|\cdot\|y_n-y\|\\&\to 0.\end{aligned}$$

□

由前面的讨论我们知道内积总可以诱导一个范数使得该内积空间成为一个赋范线性空间. 那么一个自然的问题就是: 是否每一个赋范线性空间 $\langle X,\|\cdot\|\rangle$ 都能赋以内积 $(\cdot,\cdot)$, 使得范数 $\|x\|$ 总可以表示成 $[(x,x)]^{1/2}$ 呢? 回答是否定的. 可以证明, 赋范线性空间 $\langle X,\|\cdot\|\rangle$ 能赋以内积的充要条件是 $\|\cdot\|$ 满足下列平行四边形法则 (证明参见 [1, 13]):

定理1.6.3 对于内积空间 $\langle X,(\cdot,\cdot)\rangle$ 中的任意两个元素 x,y, 有

$$\|x+y\|^2+\|x-y\|^2=2(\|x\|^2+\|y\|^2),\tag{1.6.3}$$

这里 $\|\cdot\|$ 由 (1.6.1) 式给出.

证明 由 (1.6.1) 式容易验证:

$$\|x+y\|^2=(x,x)+(x,y)+(y,x)+(y,y), \tag{1.6.4}$$

$$\|x-y\|^2=(x,x)-(x,y)-(y,x)+(y,y), \tag{1.6.5}$$

$$\|x+\mathrm{i}y\|^2=(x,x)-\mathrm{i}(x,y)+\mathrm{i}(y,x)+(y,y), \tag{1.6.6}$$

$$\|x-\mathrm{i}y\|^2=(x,x)+\mathrm{i}(x,y)-\mathrm{i}(y,x)+(y,y). \tag{1.6.7}$$

现将 (1.6.4) 式与 (1.6.5) 式相加即得 (1.6.3) 式. □

事实上, 内积空间 $\langle X,(\cdot,\cdot)\rangle$ 中由内积所诱导的范数 $\|\cdot\|$ 有着异于一般赋范线性空间中范数的独特性质. 由 (1.6.4) 式减去 (1.6.5) 式, 再加上 (1.6.6) 式减去 (1.6.7) 式的 i 倍可得下面重要的极化恒等式.

定理1.6.4 对于内积空间 $\langle X,(\cdot,\cdot)\rangle$ 中的任意两个元素 x,y, 有

$$(x,y)=\frac{1}{4}[\|x+y\|^2-\|x-y\|^2+\mathrm{i}\|x+\mathrm{i}y\|^2-\mathrm{i}\|x-\mathrm{i}y\|^2], \tag{1.6.8}$$

这里 $\|\cdot\|$ 由 (1.6.1) 式给出.

例1.6.2 考虑例 1.5.1 中引入的赋范线性空间 $C[0,1]$, 若取 $x(t)=1$, $y(t)=t$, 则

$$\|x+y\|=\max_{0\leqslant t\leqslant 1}|1+t|=2,$$

$$\|x-y\|=\max_{0\leqslant t\leqslant 1}|1-t|=1,$$

而

$$\|x\|=1,$$

$$\|y\|=\max_{0\leqslant t\leqslant 1}|t|=1.$$

显然平行四边形法则不成立, 从而 $C[0,1]$ 不是内积空间.

定义1.6.2 完备的内积空间称为 Hilbert 空间.

例1.6.3 空间 l^2 是 Hilbert 空间.

事实上, 由定义

$$l^2=\left\{x=\{\xi_n\}_{n=1}^{\infty}:\sum_{n=1}^{\infty}|\xi_n|^2<\infty,\ \xi_j\in\mathbb{C},j=1,2,\cdots\right\}.$$

对任意 $x=\{\xi_n\}_{n=1}^{\infty}$, $y=\{\eta_n\}_{n=1}^{\infty}$, 我们定义

$$(x,y)=\sum_{n=1}^{\infty}\xi_n\bar{\eta}_n.$$

由 Hölder 不等式易知上述 $(\cdot,\cdot)$ 有定义, 并且容易验证 $(\cdot,\cdot)$ 满足内积的定义, 从而 l^2 按 $(\cdot,\cdot)$ 成为内积空间. 下证 l^2 是完备的.

设 $x_k=\{\xi_n^{(k)}\}_{n=1}^{\infty}$ $k=1,2,\cdots$, 是 l^2 中的 Cauchy 列, 于是对任意 $\varepsilon>0$, 存在正整数 N, 当 $k,j\geqslant N$ 时, 有

$$\|x_k-x_j\|=\left(\sum_{n=1}^{\infty}|\xi_n^{(k)}-\xi_n^{(j)}|^2\right)^{\frac{1}{2}}<\varepsilon. \tag{1.6.9}$$

从而对每个正整数 n, 当 $k,j\geqslant N$ 时, 有

$$|\xi_n^{(k)}-\xi_n^{(j)}|<\varepsilon.$$

这说明对每个正整数 n, 数列 $\{\xi_n^{(k)}\}_{k=1}^{\infty}$ 是 Cauchy 列. 故存在有限数 $\xi_n^{(0)}$, 使得

$$\lim_{k\to\infty}\xi_n^{(k)}=\xi_n^{(0)}.$$

现记 $x_0=\{\xi_n^{(0)}\}_{n=0}^{\infty}$. 由 (1.6.9) 式知对任意正整数 m, 当 $k,j\geqslant N$ 时, 有

$$\sum_{n=1}^{m}|\xi_n^{(k)}-\xi_n^{(j)}|<\varepsilon^2.$$

现令 $j\to\infty$, 则当 $k\geqslant N$ 时, 有

$$\sum_{n=1}^{m}|\xi_n^{(k)}-\xi_n^{(0)}|\leqslant\varepsilon^2.$$

再令 $m\to\infty$, 则当 $k\geqslant N$ 时, 有

$$\sum_{n=1}^{\infty}|\xi_n^{(k)}-\xi_n^{(0)}|\leqslant\varepsilon^2. \tag{1.6.10}$$

这表明当 $k\geqslant N$ 时, $x_k-x_0\in l^2$. 因 l^2 是线性空间, 故 $x_0\in l^2$. 由 (1.6.10) 式知当 $k\geqslant N$ 时, 有 $\|x_k-x_0\|\leqslant\varepsilon$. 即, $x_k\to x_0$. 从而 l^2 是完备的.

有了内积的概念, 我们可以定义内积空间中任意两个向量的夹角了. 特别地, 我们有如下定义.

定义1.6.3　内积空间 $\langle X,(\cdot,\cdot)\rangle$ 中元素 x,y 称为正交的, 如果 $(x,y)=0$. 记为 $x\perp y$. X 中的一族元素 $\{x_j\}$ 称为正规正交集, 如果

$$(x_j,x_k)=\delta_{jk},$$

这里 δ_{jk} 为 Kronecker 常数, 即 $\delta_{jk}=1$, 当 $j=k$; $\delta_{jk}=0$, 当 $j\neq k$.

若 $x \perp y$, 则

$$\begin{aligned}\|x+y\|^2 &= (x+y,x+y)\\ &= (x,x)+(y,x)+(x,y)+(y,y)\\ &= \|x\|^2+\|y\|^2.\end{aligned} \tag{1.6.11}$$

上式可以看成勾股定理在无穷维空间中的推广.

定理1.6.5 设 $\{x_n\}_{n=1}^N$ 是内积空间 $\langle X,(\cdot,\cdot)\rangle$ 中的正规正交集, 则对任意 $x \in X$, 有

$$\|x\|^2 = \sum_{n=1}^N |(x,x_n)|^2 + \left\|x - \sum_{n=1}^N (x,x_n)x_n\right\|^2.$$

证明 若将 x 写成

$$x = \sum_{n=1}^N (x,x_n)x_n + \left[x - \sum_{n=1}^N (x,x_n)x_n\right],$$

容易验证上式右端两项是正交的. 由 (1.6.11) 式可得

$$\begin{aligned}\|x\|^2 &= \left\|\sum_{n=1}^N (x,x_n)x_n\right\|^2 + \left\|\left[x - \sum_{n=1}^N (x,x_n)x_n\right]\right\|^2\\ &= \sum_{n=1}^N |(x,x_n)|^2 + \left\|x - \sum_{n=1}^N (x,x_n)x_n\right\|^2.\end{aligned}$$

□

推论1.6.1(Bessel 不等式) 设 $\{x_n\}_{n=1}^N$ 是内积空间 $\langle X,(\cdot,\cdot)\rangle$ 中的正规正交集, 则对任意 $x \in X$, 有

$$\sum_{n=1}^N |(x,x_n)|^2 \leqslant \|x\|^2. \tag{1.6.12}$$

定义1.6.4 假设 S 是非零的 Hilbert 空间 $\mathbb{H}$ 的正规正交集, 如果 $\mathbb{H}$ 中没有其他正规正交集真包含 S, 则称 S 为 $\mathbb{H}$ 的正规正交基.

下面的命题给出了正规正交基的一个等价描述.

命题1.6.2 假设 S 是非零的 Hilbert 空间 $\mathbb{H}$ 的正规正交集, 则 S 是 $\mathbb{H}$ 的正规正交基的充要条件是 $\mathbb{H}$ 中没有非零元素与 S 中每个元素正交.

证明 必要性. 假设 $x \in \mathbb{H}$ 与 S 中每个元素正交且 $x \neq 0$, 若令 $x_1 = \dfrac{x}{\|x\|}$, 则 $S_1 = S \cup \{x_1\}$ 便是 $\mathbb{H}$ 中真包含 S 的一个正规正交集. 这与 S 是 $\mathbb{H}$ 的正规正交基矛盾.

充分性. 利用反证法: 假设 $\mathbb{H}$ 中存在正规正交集 S_1 真包含 S, 若取 $x \in S_1 \setminus S$ 且 $x \neq 0$, 则 x 与 S 中每个元素正交. 矛盾. □

有了基的概念, 很自然的问题就是: 是否每个非零的 Hilbert 空间都有正规正交基? 或者更进一步, 是否有可数的正规正交基? 下列定理对此问题作了肯定的回答.

定理1.6.6　每个非零的 Hilbert 空间 $\mathbb{H}$ 都有正规正交基.

证明　考虑 $\mathbb{H}$ 中全体正规正交集构成的族, 记为 $\mathscr{T}$. 显然, $\mathscr{T}$ 非空. 事实上, 任取 $x \neq 0$, $\left\{\dfrac{x}{\|x\|}\right\}$ 便是 $\mathbb{H}$ 的一个正规正交集. 现对 $\mathscr{T}$ 按通常的包含关系定义序, 即对任意 $S_1, S_2 \in \mathscr{T}$, 若 $S_1 \subset S_2$, 则定义 $S_1 \prec S_2$. 易见 $\mathscr{T}$ 按此 $\prec$ 构成一个偏序集. 如果 $\{S_\lambda\}_{\lambda\in\Lambda}$ 是 $\mathscr{T}$ 中的全序集, 则 $\bigcup_{\lambda\in\Lambda} S_\lambda \in \mathscr{T}$ 且 $\bigcup_{\lambda\in\Lambda} S_\lambda$ 为 $\{S_\lambda\}_{\lambda\in\Lambda}$ 的上界. 由 Zorn 引理知, $\mathscr{T}$ 中存在极大元 S, 利用反证法易知 S 必为 $\mathbb{H}$ 的一个正规正交基. □

定理1.6.7　假设 $\mathbb{H}$ 为可分的 Hilbert 空间, 则 $\mathbb{H}$ 有一个可数的正规正交基.

证明　由于 $\mathbb{H}$ 可分, 则 $\mathbb{H}$ 中存在可数的稠密子集 S. 由数学归纳法易知存在 S 的一个线性无关子集 $\{x_n\}_{n=1}^\infty$, 使得 S 中每个元素都可以表示成 $\{x_n\}_{n=1}^\infty$ 中某些元素的线性组合. 现对 $\{x_n\}_{n=1}^\infty$ 施行如下 Schmidt 正交化过程: 令

$$
\begin{aligned}
&y_1 = x_1, \quad e_1 = \frac{y_1}{\|y_1\|};\\
&y_2 = x_2 - (x_2, e_1)e_1, \quad e_2 = \frac{y_2}{\|y_2\|};\\
&\cdots\cdots \qquad\qquad \cdots\cdots\\
&y_n = x_n - \sum_{j=1}^{n-1}(x_n, e_j)e_j, \quad e_n = \frac{y_n}{\|y_n\|};\\
&\cdots\cdots \qquad\qquad \cdots\cdots
\end{aligned}
$$

则 $\{e_1, e_2, \cdots, e_n, \cdots\}$ 为 $\mathbb{H}$ 的一个正规正交集. 若存在 $e \in \mathbb{H}$ 使得

$$(e, e_n) = 0, \quad n = 1, 2, \cdots,$$

则对任意 $n = 1, 2, \cdots$, 有 $(e, x_n) = 0$. 这是由于每个 x_n 都可以表示成 $x_n = \sum_{j=1}^n \alpha_j e_j$ 的形式. 注意到 S 中任意元素都可以表示成 $\sum_{k=1}^l \alpha_k x_k$ 的形式, 则对任意 $x \in S$, 有 $(e, x) = 0$. 现任取 $y \in \mathbb{H}$, 由于 S 为 $\mathbb{H}$ 的稠密子集, 则存在序列 $y_m \in S$, $m = 1, 2, \cdots$, 使得 $\|y_m - y\| \to 0$. 于是

$$
\begin{aligned}
|(e, y)| &= |(e, y - y_m) + (e, y_m)|\\
&= |(e, y - y_m)|\\
&\leqslant \|e\|\|y - y_m\|\\
&\to 0.
\end{aligned}
$$

由此可得 $(e,y)=0$. 特别地, 取 $y=e$ 可得 $(e,e)=0$. 从而 $e=0$. 由命题 1.6.2 知 $\{e_n\}_{n=1}^{\infty}$ 为 $\mathbb{H}$ 的正规正交基. □

定理1.6.8 令 $S=\{e_\alpha\}_{\alpha\in\mathscr{A}}$ 为 Hilbert 空间 $\mathbb{H}$ 的一个正规正交基, 则对任意 $x\in\mathbb{H}$, 总有

$$x=\sum_{\alpha\in\mathscr{A}}(x,e_\alpha)e_\alpha \tag{1.6.13}$$

和

$$\|x\|^2=\sum_{\alpha\in\mathscr{A}}|(x,e_\alpha)|^2, \tag{1.6.14}$$

并且上述两个等式右端求和中只有至多可数多项不为零. 特别地, 当 $\mathbb{H}$ 可分时, 令 $\{e_n\}_{n=1}^{\infty}$ 为 $\mathbb{H}$ 的一个正规正交基, 则对任意 $x\in\mathbb{H}$, 有如下 Parseval 等式成立:

$$\|x\|^2=\sum_{n=1}^{\infty}|(x,e_n)|^2. \tag{1.6.15}$$

证明 令 $x\in\mathbb{H}$, 由定理假设和 Cauchy-Schwarz 不等式, 对每个 $\alpha\in\mathscr{A}$, 有

$$|(x,e_\alpha)|\leqslant\|x\|.$$

现在考虑区间 $(0,\|x\|]$ 的如下分解:

$$(0,\|x\|)=\bigcup_{k=1}^{\infty}\left[\frac{1}{k+1}\|x\|,\frac{1}{k}\|x\|\right].$$

若有不可数个 $(x,e_\alpha)\neq 0$, 则至少有一个区间

$$\left[\frac{1}{k+1}\|x\|,\frac{1}{k}\|x\|\right]$$

包含了无穷多个 $|(x,e_\alpha)|$. 这与 Bessel 不等式矛盾. 故 $\{(x,e_\alpha)\}_{\alpha\in\mathscr{A}}$ 中至多有可数个不为 0, 我们将它们排列成如下序列:

$$(x,e_{\alpha_1}),(x,e_{\alpha_2}),\cdots,(x,e_{\alpha_j}),\cdots.$$

对于任意正整数 N, 由 Bessel 不等式可得

$$\sum_{j=1}^{N}|(x,e_{\alpha_j})|^2\leqslant\|x\|^2,$$

从而级数 $\sum_{j=1}^{\infty}|(x,e_{\alpha_j})|^2$ 收敛. 现令 $y_n=\sum_{j=1}^{n}(x,e_{\alpha_j})e_{\alpha_j}$, $n=1,2,\cdots$, 则当 $n>m$ 时, 有

$$\|y_n - y_m\|^2 = \left\| \sum_{j=m+1}^{n} (x, e_{\alpha_j}) e_{\alpha_j} \right\|^2 = \sum_{j=m+1}^{n} |(x, e_{\alpha_j})|^2,$$

从而 $\{y_n\}_{n=1}^{\infty}$ 为 Cauchy 列. 由于 $\mathbb{H}$ 是完备的, 故存在 $y \in \mathbb{H}$, 使得 $y_n \to y$. 下证 $y = x$. 首先, 对一切 e_{α_k}, 显然有

$$\begin{aligned}(x-y, e_{\alpha_k}) &= \left(x - \lim_{n\to\infty} \sum_{j=1}^{n} (x, e_{\alpha_j}) e_{\alpha_j}, e_{\alpha_k}\right) \\ &= (x, e_{\alpha_k}) - \lim_{n\to\infty} \left(\sum_{j=1}^{n} (x, e_{\alpha_j}) x_{\alpha_j}, e_{\alpha_k}\right) \\ &= (x, e_{\alpha_k}) - \lim_{n\to\infty} \left[\sum_{j=1}^{n} (x, e_{\alpha_j})(e_{\alpha_j}, e_{\alpha_k})\right] \\ &= (x, e_{\alpha_k}) - (x, e_{\alpha_k}) \\ &= 0.\end{aligned}$$

而对 $e_\alpha \in S$, $\alpha \neq \alpha_k$ 时, 有 $(x, e_\alpha) = 0$, $(e_{\alpha_j}, e_\alpha) = 0$, $j = 1, 2, \cdots$, 并且

$$\begin{aligned}(x-y, e_\alpha) &= \left(x - \lim_{n\to\infty} \sum_{j=1}^{n} (x, e_{\alpha_j}) e_{\alpha_j}, e_\alpha\right) \\ &= (x, e_\alpha) - \lim_{n\to\infty} \left(\sum_{j=1}^{n} (x, e_{\alpha_j}) e_{\alpha_j}, e_\alpha\right) \\ &= -\lim_{n\to\infty} \left[\sum_{j=1}^{n} (x, e_{\alpha_j})(e_{\alpha_j}, e_\alpha)\right] \\ &= 0.\end{aligned}$$

综上, $x - y$ 与 S 中所有元素正交, 而 S 是 $\mathbb{H}$ 的正规正交基, 则 $x - y = 0$. 即

$$\begin{aligned}x &= \lim_{n\to\infty} \sum_{j=1}^{n} (x, e_{\alpha_j}) e_{\alpha_j} \\ &= \sum_{j=1}^{\infty} (x, e_{\alpha_j}) e_{\alpha_j} \\ &= \sum_{\alpha \in \mathscr{A}} (x, e_\alpha) e_\alpha.\end{aligned}$$

从而等式 (1.6.13) 得证. 至于等式 (1.6.14), 对任意正整数 N, 由定理 1.6.5 知

$$\|x\|^2 = \sum_{j=1}^{N} |(x, e_{\alpha_j})|^2 + \left\| x - \sum_{j=1}^{N} (x, e_{\alpha_j}) e_{\alpha_j} \right\|^2.$$

现令 $N \to \infty$, 则

$$\|x\|^2 = \sum_{j=1}^{\infty} |(x, e_{\alpha_j})|^2 = \sum_{\alpha \in \mathscr{A}} |(x, e_\alpha)|^2. \qquad \square$$

1.7 Banach 不动点定理

利用迭代算法求方程的近似解是计算中常用的方法, 比如利用牛顿迭代法求代数方程 $f(x) = 0$ 的根:

第一步: 任取一初始值 x_0, 如果 $f(x_0) \neq 0$, 求出函数 $y = f(x)$ 过点 $(x_0, f(x_0))$ 的切线与 x- 轴的交点, 并记此交点的横坐标为 x_1;

第二步: 如果 $f(x_1) \neq 0$, 求出函数 $y = f(x)$ 过点 $(x_1, f(x_1)$ 的切线与 x- 轴的交点, 并记此交点的横坐标为 x_2;

如此一直做下去, 从而得到一个序列 $\{x_n\}_{n=0}^{\infty}$, 并通过极限的方法得到 $f(x) = 0$ 的解. 牛顿迭代法的另外一种叙述方式为: 若 $f'(x) \neq 0$, 令

$$g(x) = x - \frac{f(x)}{f'(x)}.$$

则求方程 $f(x) = 0$ 的解等价于求解方程 $g(x) = x$, 即求函数 $y = g(x)$ 的一个不动点. 20 世纪 20 年代, 著名数学家 S. Banach 将此方法抽象化并运用到一般的距离空间中, 这就得到我们常说的 Banach 不动点定理. Banach 不动点定理是以后发展非线性泛函分析的重要内容之一, 本节将简要介绍该定理以及它的一些应用.

定义1.7.1 假设 T 是从距离空间 $\langle X, d \rangle$ 到自身的映射, 如果存在正常数 α, 使得对所有 $x, y \in X$, 有

$$d(Tx, Ty) \leqslant \alpha d(x, y).$$

则称 T 满足 Lipschitz 条件, 常数 α 称为 T 的 Lipschitz 常数. 特别地, 如果 $\alpha < 1$, 则称 T 为压缩映射.

定理1.7.1 假设 T 是从距离空间 $\langle X, d \rangle$ 到自身的映射且满足 Lipschitz 条件, 则映射 T 是连续的.

证明 令映射 T 的 Lipschitz 常数为 α. 对于任给的 $x_0 \in X$, 任取 Tx_0 的 ε-邻域 $B(Tx_0, \varepsilon)$, 则 $B\left(x_0, \dfrac{\varepsilon}{\alpha}\right)$ 为 x_0 的一个邻域, 且当 $x \in B\left(x_0, \dfrac{\varepsilon}{\alpha}\right)$ 时,

$$d(Tx, Tx_0) \leqslant \alpha d(x, x_0) < \alpha \cdot \frac{\varepsilon}{\alpha} = \varepsilon.$$

从而, $Tx \in B(Tx_0, \varepsilon)$, 即映射 T 在 x_0 处连续. $\square$

对于距离空间 $\langle X, d \rangle$ 到自身的映射 T, 如果存在 $x \in X$, 使得 $Tx = x$, 则称 x 为映射 T 的不动点.

定理1.7.2 (Banach 不动点定理)　假设 T 是从完备的距离空间 $\langle X,d\rangle$ 到自身的压缩映射，则 T 在 X 上恰有一个不动点.

证明　假设映射 T 的 Lipschitz 常数为 α, 由定理条件知 $0<\alpha<1$. 现任取 $x_0\in X$, 令 $x_{n+1}=Tx_n$, $n=0,1,2,\cdots$, 则对任意正整数 n, 有

$$\begin{aligned} d(x_{n+1},x_n) &= d(Tx_n,Tx_{n-1}) \\ &\leqslant \alpha d(x_n,x_{n-1}) \\ &\leqslant \alpha^n d(Tx_0,x_0). \end{aligned}$$

于是对于任意非负整数 n 和 k, 有

$$\begin{aligned} d(x_{n+k},x_n) &\leqslant d(x_{n+k},x_{n+k-1})+\cdots+d(x_{n+1},x_n) \\ &\leqslant (\alpha^{n+k-1}+\cdots+\alpha^n)d(Tx_0,x_0) \\ &\leqslant \frac{\alpha^n}{1-\alpha}d(Tx_0,x_0). \end{aligned} \tag{1.7.1}$$

由 $0<\alpha<1$ 可得当 $n\to\infty$ 时,

$$d(x_{n+k},x_n)\to 0.$$

即, $\{x_n\}_{n=1}^{\infty}$ 是 Cauchy 列. 由 $\langle X,d\rangle$ 的完备性知, 存在 $x\in X$, 使得 $\lim_{n\to\infty}x_n=x$. 另外, 由定理 1.7.1 知映射 T 是连续的, 从而有

$$Tx=\lim_{n\to\infty}Tx_n=\lim_{n\to\infty}x_{n+1}=x.$$

即, x 是 T 的不动点.

最后, 假设 y 是 T 的另外一个不动点, 即 $Ty=y$, $y\in X$, 则

$$d(x,y)=d(Tx,Ty)\leqslant \alpha d(x,y).$$

由 $0<\alpha<1$ 可知 $d(x,y)=0$. 即, $x=y$. □

事实上, 上述定理的证明过程也给出了迭代点列 $\{x_n\}_{n=1}^{\infty}$ 收敛到不动点 x 的速度. 为此, 我们在 (1.7.1) 式中令 $k\to\infty$ 可得

$$d(x,x_n)\leqslant \frac{\alpha^n}{1-\alpha}d(Tx_0,x_0).$$

Banach 不动点定理是非线性泛函分析的一个重要结果, 它在微分方程、积分方程解的存在性与唯一性定理的证明中是强有力的工具.

我们考虑下列常微分方程的初值问题:

$$\begin{cases} x'(t)=f(t,x(t)), \\ x(t_0)=x_0. \end{cases} \tag{1.7.2}$$

利用 Banach 不动点定理我们有下面解的适定性定理.

定理1.7.3 假设 $f(t,x)$ 是带形区域

$$\{(t,x):|t-t_0|<\delta,\ -\infty<x<\infty\}$$

上的二元连续函数, 并且关于变量 x 满足下列 Lipschitz 条件: 存在常数 $K>0$, 对任意 $t\in(t_0-\delta,t_0+\delta)$, 以及 $x,y\in(-\infty,\infty)$, 有

$$|f(t,x)-f(t,y)|\leqslant K|x-y|, \tag{1.7.3}$$

则初值问题 (1.7.2) 在区间 $[t_0-\beta,t_0+\beta]$ 上存在唯一的连续解, 这里 $0<\beta<\min\{\delta,1/K\}$.

证明 令 $C[t_0-\beta,t_0+\beta]$ 为区间 $[t_0-\beta,t_0+\beta]$ 上连续函数的全体按距离

$$d(x,y)=\max_{t\in[t_0-\beta,t_0+\beta]}|x(t)-y(t)|$$

构成的距离空间, 则 $C[t_0-\beta,t_0+\beta]$ 是完备的. 现考察从 $C[t_0-\beta,t_0+\beta]$ 到自身的映射 T:

$$(Tx)(t)=x_0+\int_{t_0}^{t}f(s,x(s))\mathrm{d}s.$$

显然, $x=x(t)$, $t\in[t_0-\beta,t_0+\beta]$ 是初值问题 (1.7.2) 的连续解当且仅当 $x(t)\in C[t_0-\beta,t_0+\beta]$ 是映射 T 的不动点.

事实上, 由于 $f(t,x)$ 关于变量 x 满足 Lipschitz 条件 (1.7.3), 则当 $t\in[t_0-\beta,t_0+\beta]$ 时, 有

$$\begin{aligned}|(Tx)(t)-(Ty)(t)|&=\left|\int_{t_0}^{t}[f(s,x(s))-f(x,y(s))]\mathrm{d}s\right|\\&\leqslant\int_{t_0}^{t}K|x(s)-y(s)|\mathrm{d}s\\&\leqslant K|t-t_0|\max_{x\in[t_0-\beta,t_0+\beta]}|x(t)-y(t)|\\&\leqslant K\beta d(x,y).\end{aligned}$$

现令 $\alpha=K\beta$, 则由 β 的定义知 $0<\alpha<1$. 于是

$$d(Tx,Ty)=\max_{t\in[t_0-\beta,t_0+\beta]}|(Tx)(t)-(Ty)(t)|\leqslant\alpha d(x,y).$$

即, T 是完备的距离空间 $C[t_0-\beta,t_0+\beta]$ 到自身的一个压缩映射. 由定理 1.7.2 知 T 有唯一的不动点. 故初值问题 (1.7.2) 在 $[t_0-\beta,t_0+\beta]$ 上有唯一的连续解. □

在数值分析中, Banach 不动点迭代理论也有着极其重要的应用. 我们从下列简单的结论开始讨论:

定理1.7.4　假设 g 是有界闭区间 I 上满足 Lipschitz 条件的连续映射,

(1) 如果 $g: I \to I$, 则存在 $x^* \in I$, 使得 $x^* = g(x^*)$;

(2) 进而, 如果 Lipschitz 常数 $\alpha < 1$, 则上述 x^* 是唯一的;

(3) 对任意初始值 $x_0 \in I$, 迭代

$$x_{n+1} = g(x_n)$$

收敛到不动点 x^*.

对于不动点的存在唯一性, 上述条件 (1) 和 (2) 缺一不可, 我们用下图解释这一点.

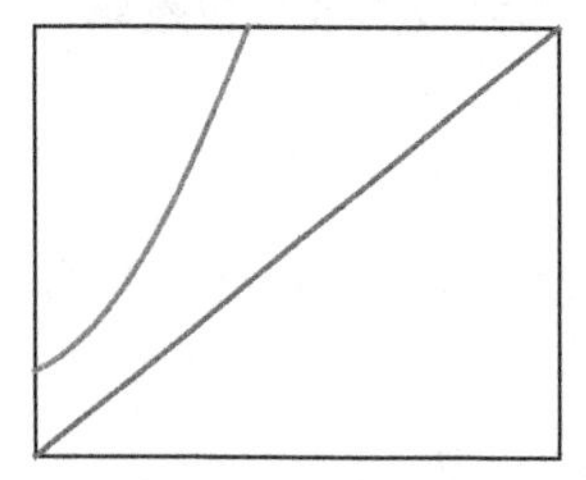
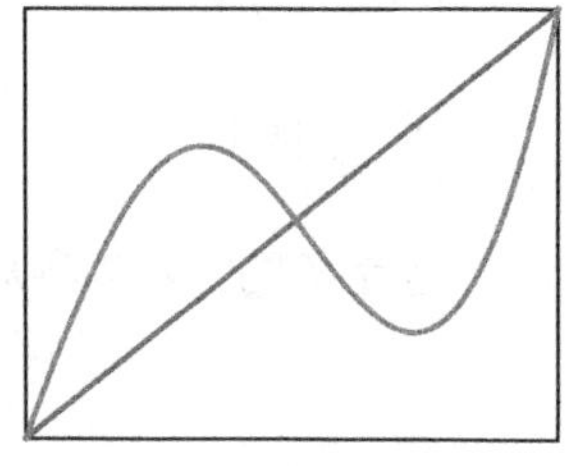
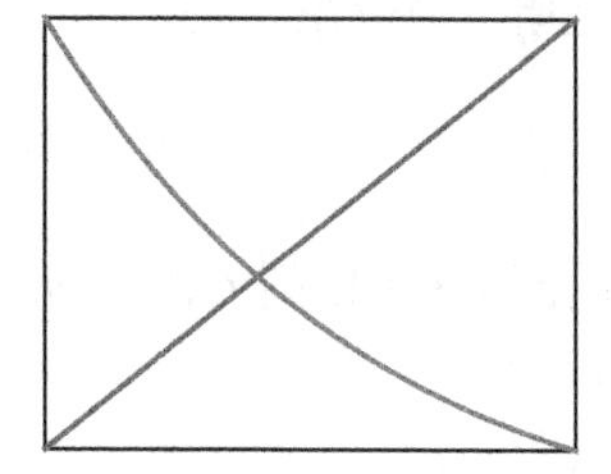

左图: 条件 (1) 和 (2) 都不满足, x^* 不存在;

中图: 只满足条件 (1), 存在多个 x^*;

右图: 两个条件同时满足, 存在唯一的 x^*

例1.7.1　求方程 $x = e^{-x}$ 在区间 $[0,1]$ 上的根.

解　取 $g(x) = e^{-x}$. 不动点迭代格式为 $x_{n+1} = e^{-x_n}$, $n \in \mathbb{N}$, $x_0 = 0$. 因此 $g: [0,1] \to [0,1]$, 并且当 $x > 0$ 时, $|g'(x)| = e^{-x} < 1$. 从而不动点迭代收敛到它的唯一根.

例1.7.2　考虑非线性方程组

$$\begin{aligned} x_1 &= \frac{1}{10}[1 - x_2 - \sin(x_1 + x_2)], \\ x_2 &= \frac{1}{10}[2 + x_1 + \cos(x_1 - x_2)]. \end{aligned}$$

定义

$$g(x) = \frac{1}{10}\begin{bmatrix} 1 - x_2 - \sin(x_1 + x_2) \\ 2 + x_1 + \cos(x_1 - x_2) \end{bmatrix}$$

显然 g 的 Jacobi 矩阵 $J(x)$ 为

$$J(x) = \frac{1}{10}\begin{bmatrix} -\cos(x_1 + x_2) & -1 - \cos(x_1 + x_2) \\ 1 - \sin(x_1 - x_2) & \sin(x_1 - x_2) \end{bmatrix}$$

记 $T = J(x)$. 容易得到 T 的无穷模 $\|T\|_\infty := \max\{|a_{11}| + |a_{12}|, |a_{21} + |a_{22}|\} \leqslant \dfrac{3}{10}$. 因此 g 是压缩映射, 上述非线性方程组具有唯一的不动点. 事实上, 设 $x, y \in D$, D 是 $\mathbb{R}^2$ 中的一个凸集, 则 x 与 y 之间的直线 $x + t(y - x)$, $t \in [0, 1]$ 仍然含于区域 D. 记 $G(t) = g(x + t(y - x))$. 从而由链式法则知 $G'(t) = g'(x + t(y - x))(y - x)$ 且

$$g(y) - g(x) = G(1) - G(0) = \int_0^1 G'(t)\mathrm{d}t = \int_0^1 g'(x + t(y - x))(y - x)\mathrm{d}t.$$

于是

$$\begin{aligned}\|g(y) - g(x)\|_\infty &\leqslant \int_0^1 \|g'(x + t(y - x))(y - x)\|_\infty \mathrm{d}t \\ &\leqslant \int_0^1 \|g'(x + t(y - x))\|_\infty \|y - x\|_\infty \mathrm{d}t \\ &\leqslant \frac{3}{10}\|y - x\|_\infty.\end{aligned}$$

注1.7.1 对于一般的距离空间, 定理 1.7.4 中的有界闭区间 I 改为紧集 I.

习 题 1

1. 证明收敛序列空间 (c) 是可分的.

2. 假设 X, Y 均为距离空间, 映射 $T : X \to Y$ 为连续的当且仅当对任意集合 $M \subset X$, 有 $T(\bar{M}) \subset \overline{T(M)}$.

3. 证明距离空间中任何 Cauchy 列都是有界的.

4. 假设 X 是所有序列 $x = \{\xi_n\}_{n=1}^\infty$ 所构成的集合, 对任意 $z \in \mathbb{C}$, 令

$$g(z) = \min\{1, |z|\}.$$

现对任意 $x = \{\xi_n\}, y = \{\eta_n\} \in X$, 定义

$$d(x, y) = \sum_{n=1}^\infty \frac{1}{n^2} g(\xi_n - \eta_n).$$

试证明 $\langle X, d\rangle$ 为距离空间, 且

$$\sup_{x, y \in X} d(x, y) = \frac{\pi^2}{6}.$$

5. 假设 $\langle X, d\rangle$ 和 $\langle Y, \rho\rangle$ 均为距离空间, 其中 X 为紧的, 则连续映射 $T : X \to Y$ 必为一致连续的.

6. 距离空间 X 到距离空间 Y 的映射 T 是连续的当且仅当对 Y 中的任何闭集 F, $T^{-1}(F)$ 是 X 中的闭集.

7. 在有界序列空间 l^∞ 中记集合

$$A = \left\{ x_n = \{\xi_j^{(n)}\} : \xi_j^{(n)} = \begin{cases} 1, & j = n, \\ 0, & j \neq n \end{cases} \right\},$$

证明: A 为 l^∞ 的有界闭集.

8. 证明例 1.1.6 所定义的所有序列空间 (s) 是完备的.

9. 记 $C[0,1]$ 为闭区间 $[0,1]$ 上全体连续函数构成的集合, 在 $C[0,1]$ 上定义距离如下:

$$d(f,g)=\int_0^1|f(t)-g(t)|\mathrm{d}t,\quad \forall f,g\in C[0,1].$$

试问: $\langle C[0,1],d\rangle$ 是否完备? 若不完备, $\langle C[0,1],d\rangle$ 的完备化空间是什么?

10. 令 $\langle X,d\rangle$ 为距离空间, M 为 X 的子集. 现对任意 $x\in X$, 记

$$\mathrm{dist}(x,M)=\inf_{y\in M}d(x,y),$$

则

(1) $\mathrm{dist}(x,M)$ 为 x 的连续函数;

(2) 若 X 中的点列 $\{x_n\}_{n=1}^\infty$ 使 $\mathrm{dist}(x_n,M)\to 0$, $\{x_n\}_{n=1}^\infty$ 是否为 X 中的 Cauchy 列? 为什么?

11. 证明: 有限维赋范线性空间是完备的.

12. 假设 $\langle X,\|\cdot\|\rangle$ 为非零赋范线性空间, 试证明: X 为 Banach 空间当且仅当 $\{x\in X:\|x\|=1\}$ 是完备的.

13. 假设 M 为赋范线性空间 X 中的有界集, 试证明: M 为完全有界集当且仅当对任给的 $\varepsilon>0$, 存在 X 的有限维子空间 N, 使得 M 中每个点与 N 的距离都小于 ε.

14. 令 $M\subset\mathbb{R}$ 为紧集, 则 M 上全体连续函数按逐点定义加法和数乘运算形成一个线性空间, 记为 $C(M)$. 若对 $C(M)$ 上任意函数 f 和 g 定义距离如下:

$$d(f,g)=\max_{t\in M}|f(t)-g(t)|.$$

显然, $C(M)$ 按上述距离成为一个距离线性空间. 证明: Arzelà-Ascoli 定理对 $C(M)$ 成立, 即函数族 $\mathscr{A}\subset C(M)$ 是列紧的当且仅当

(1) $\mathscr{A}$ 是一致有界的, 即存在正常数 C, 使得对任意 $f\in\mathscr{A}$, 有

$$\sup_{t\in M}|f(t)|\leqslant C;$$

(2) $\mathscr{A}$ 是等度连续的.

15. 证明: l^p, $1\leqslant p<\infty$ 中的子集 M 为列紧的当且仅当

(1) 存在常数 $K>0$, 使得对任意 $x=\{\xi_n\}\in M$, 都有 $\sum_{n=1}^\infty|\xi_n|^p\leqslant K$;

(2) 对于任给的 $\varepsilon>0$, 存在正整数 N, 使得当 $k\geqslant N$ 时, 对任意 $x=\{\xi_n\}\in M$, 都有 $\sum_{n=k}^\infty|\xi_n|^p\leqslant\varepsilon$.

16. 证明赋范线性空间 $\langle X,\|\cdot\|\rangle$ 中的单位球 $B=\{x\in X:\|x\|\leqslant 1\}$ 是列紧的当且仅当 X 是有限维的.

17. 假设 $\{e_n\}_{n=1}^\infty$ 为 Hilbert 空间 $\mathbb{H}$ 的正规正交集, 并且

$$x=\sum_{n=1}^\infty\alpha_n e_n,\quad y=\sum_{n=1}^\infty\beta_n e_n,$$

证明:

$$(x,y)=\sum_{n=1}^{\infty}\alpha_n\bar{\beta}_n,$$

且上式右端级数绝对收敛.

18. 假设 $\{e_n\}_{n=1}^{\infty}$ 为可分 Hilbert 空间 $\mathbb{H}$ 的正规正交基, 证明: 对任意 $x,y\in\mathbb{H}$, 有

$$(x,y)=\sum_{n=1}^{\infty}(x,e_n)\overline{(y,e_n)},$$

且上式右端级数绝对收敛.

19. 假设 $\{e_n\}_{n=1}^{\infty}$ 为内积空间 $\mathbb{H}$ 的正规正交集, 证明: 对任意 $x,y\in\mathbb{H}$, 有

$$\left|\sum_{n=1}^{\infty}(x,e_n)\overline{(y,e_n)}\right|\leqslant\|x\|\cdot\|y\|.$$

20. 证明: $\left\{\dfrac{1}{\sqrt{b-a}}\mathrm{e}^{2\pi in\frac{t-a}{b-a}}\right\}_{n=1}^{\infty}$ 构成 Hilbert 空间 $L^2[a,b]$ 的正规正交基.

21. 试在 Hilbert 空间 $L^2[-1,1]$ 中将函数列 $\{1,t,t^2,\cdots\}$ 进行正规正交化.

22. 令 $K(t,s)$ 为区域 $\{(t,s)\in\mathbb{R}^2:0\leqslant t,s\leqslant 1\}$ 上的可测函数, 且满足

$$\int_0^1\int_0^1|K(t,s)|^2\mathrm{d}t\mathrm{d}s<\infty.$$

试证明: 当参数 $|\lambda|$ 适当小时, 对于给定的 $f\in L^2[0,1]$, 积分方程

$$x(t)=f(t)+\lambda\int_0^1K(t,s)x(s)\mathrm{d}s$$

在 $L^2[0,1]$ 上存在唯一解.

23. 令 $F\subset\mathbb{R}^n$ 为非空有界闭集, 若映射 $T:F\to F$ 对任意 $x,y\in F$ 且 $x\neq y$, 满足

$$d(Tx,Ty)<d(x,y),$$

则 T 在 F 中存在唯一的不动点.

24. 假设距离空间 $\langle X,d\rangle$ 为紧的, 映射 $T:X\to X$ 对任意 $x,y\in X$ 且 $x\neq y$, 满足

$$d(Tx,Ty)<d(x,y),$$

则

(1) 映射 T 是否存在唯一的不动点?

(2) 映射 T 是否为压缩映射?

第 2 章　Banach 空间上的有界线性算子

2.1　有界线性算子

定义2.1.1　假设 T 是从赋范线性空间 $\langle X, \|\cdot\|_1\rangle$ 到赋范线性空间 $\langle Y, \|\cdot\|_2\rangle$ 的映射, 若对任意 $x, y \in X$ 和数 $\alpha, \beta \in \mathbb{K}$, 都有

$$T(\alpha x + \beta y) = \alpha Tx + \beta Ty,$$

则称映射 T 是从 X 到 Y 的线性算子. 若存在正常数 C, 使得对于任意 $x \in X$, 都有

$$\|Tx\|_2 \leqslant C\|x\|_1,$$

则称算子 T 是有界的, 并称上式 C 的下确界为 T 的范数, 记为 $\|T\|$.

由上述算子范数的定义容易证明

$$\|T\| = \sup_{x \neq 0} \frac{\|Tx\|_2}{\|x\|_1} \tag{2.1.1}$$

$$= \sup_{\|x\|_1 \leqslant 1} \|Tx\|_2 \tag{2.1.2}$$

$$= \sup_{\|x\|_1 = 1} \|Tx\|_2. \tag{2.1.3}$$

并且, $\|T\| = 0$ 当且仅当 $T = 0$.

例2.1.1　假设 $K(s,t)$ 是 $0 \leqslant s, t \leqslant 1$ 上的连续函数, 则 $C[0,1]$ 上的积分算子

$$(Ax)(s) = \int_0^1 K(s,t)x(t)\mathrm{d}t, \quad x = x(s) \in C[0,1],$$

的范数为

$$\|A\| = \sup_{0 \leqslant s \leqslant 1} \int_0^1 |K(s,t)|\mathrm{d}t.$$

证明　令

$$L = \sup_{0 \leqslant s \leqslant 1} \int_0^1 |K(s,t)|\mathrm{d}t.$$

一方面, 由于 $\|x\| = \max_{0\leqslant t\leqslant 1}|x(t)|$, 则

$$\begin{aligned}|A(x)(s)| &\leqslant \int_0^1 |K(s,t)||x(t)|\mathrm{d}t\\ &\leqslant \|x\|\int_0^1 |K(s,t)|\mathrm{d}t.\end{aligned}$$

从而

$$\begin{aligned}\|Ax\| &= \sup_{0\leqslant t\leqslant 1}|(Ax)(s)|\\ &\leqslant \|x\|\sup_{0\leqslant t\leqslant 1}\int_0^1 |K(s,t)|\mathrm{d}t\\ &= L\|x\|.\end{aligned}$$

由此可见 $\|A\| \leqslant L$.

另一方面, 由于 $\int_0^1 |K(s,t)|\mathrm{d}t$ 是 $0\leqslant s\leqslant 1$ 上的连续函数, 则必存在 $s_0\in[0,1]$, 使得 $\int_0^1 |K(s_0,t)|\mathrm{d}t = L$. 现令

$$k_0(t) = \mathrm{sgn}K(s_0,t), \quad 0\leqslant t\leqslant 1,$$

这里 $\mathbb{C}$ 上的符号函数 sgn 定义为

$$\mathrm{sgn}\, z = \begin{cases}0, & z=0,\\ \dfrac{\bar{z}}{|z|}, & z\neq 0,\end{cases}$$

则 $k_0(t)$ 是 $[0,1]$ 上的可测函数, 并且

$$\int_0^1 K(s_0,t)k_0(t)\mathrm{d}t = \int_0^1 |K(s_0,t)|\mathrm{d}t = L.$$

由 Lusin 定理, 对任给的 $\delta>0$, 存在 $x(t)\in C[0,1]$, 使得 $|x(t)|\leqslant 1$, 并且

$$m(\{t\in[0,1]: x(t)\neq k_0(t)\}) < \delta.$$

对任给的 $\varepsilon>0$, 令 $\delta = \dfrac{\varepsilon}{2C}$, 其中 $C=\sup_{0\leqslant s,t\leqslant 1}|K(s,t)|$, 则

$$\begin{aligned}\left|\int_0^1 K(s_0,t)[x(t)-k_0(t)]\mathrm{d}t\right| &= \left|\int_E K(s_0,t)[x(t)-k_0(t)]\mathrm{d}t\right|\\ &\leqslant 2Cm(E)\\ &< \varepsilon.\end{aligned}$$

于是

$$
\begin{aligned}
|A(x)(s_0)| &= \left|\int_0^1 K(s_0,t)x(t)\mathrm{d}t\right| \\
&= \left|\int_0^1 K(s_0,t)k_0(t)\mathrm{d}t + \int_0^1 K(s_0,t)[x(t)-k_0(t)]\mathrm{d}t\right| \\
&\geqslant \int_0^1 |K(s_0,t)|\mathrm{d}t - \left|\int_0^1 K(s_0,t)[x(t)-k_0(t)]\mathrm{d}t\right| \\
&\geqslant L-\varepsilon.
\end{aligned}
$$

从而 $\|Ax\| \geqslant L-\varepsilon$. 由算子范数的定义可得 $\|A\| \geqslant L-\varepsilon$. 由于 ε 是任意的, 故 $\|A\| \geqslant L$.

综上, $\|A\| = L$. □

与一般的算子不同, 线性算子有如下重要的性质.

定理2.1.1　假设 T 是从赋范线性空间 $\langle X, \|\cdot\|_1\rangle$ 到赋范线性空间 $\langle Y, \|\cdot\|_2\rangle$ 的线性算子, 则下述条件等价:

(1) T 在 X 中某点连续;

(2) T 在 X 中所有点连续;

(3) T 是有界的.

证明　首先, 证明 (3) 蕴含 (2): 对于任意 $x, y \in X$, 则 $x-y \in X$. 由于 T 有界, 则存在正常数 C, 使得

$$
\|Tx-Ty\|_2 = \|T(x-y)\|_2 \leqslant C\|x-y\|_1.
$$

从而 T 在 y 处连续.

其次, (2) 显然蕴含着 (1). 下证 (1) 蕴含 (3): 假设 T 在 $x_0 \in X$ 处连续, 则存在 $\delta > 0$, 使得当 $\|x-x_0\|_1 \leqslant \delta$ 时, 有

$$
\|Tx-Tx_0\|_2 \leqslant 1.
$$

现对任意 $x \in X$, $x \neq 0$, 记 $x_1 = \dfrac{\delta}{\|x\|_1}x$. 由 $\|(x_1+x_0-x_0)\|_1 = \|x_1\|_1 = \delta$ 可得

$$
\|Tx_1\|_2 = \|T(x_1+x_0)-Tx_0\|_2 \leqslant 1.
$$

从而

$$
\begin{aligned}
\|Tx\|_2 &= \left\|\frac{\|x\|_1}{\delta}Tx_1\right\|_2 \\
&= \frac{\|x\|_1}{\delta}\|Tx_1\|_2 \\
&\leqslant \frac{\|x\|_1}{\delta}.
\end{aligned}
$$

现取 $C = \dfrac{1}{\delta}$ 即得

$$\|Tx\|_2 \leqslant C\|x\|_1.$$

故 T 是有界的. □

假设 X, Y 都是赋范线性空间, 以下记全体从 X 到 Y 的有界线性算子的集合为 $B(X,Y)$, 而 $B(X,X)$ 通常简记为 $B(X)$. 对于任意 $T, S \in B(X,Y)$, $\alpha \in \mathbb{C}$, 我们逐点定义 $T+S$ 和 αT 如下:

$$(T+S)(x) = Tx + Sx, \quad (\alpha T)x = \alpha(Tx), \quad \forall x \in X.$$

下述命题告诉我们: $B(X,Y)$ 按算子范数成为赋范线性空间.

命题2.1.1 若 $T, S \in B(X,Y)$, $\alpha \in \mathbb{C}$, 则 $T+S, \alpha T \in B(X,Y)$, 并且

$$\|T+S\| \leqslant \|T\| + \|S\|,$$
$$\|\alpha T\| = |\alpha|\|T\|.$$

证明 由算子范数的定义容易证明. □

命题2.1.2 假设 X 是赋范线性空间, Y 是 Banach 空间, 则 $B(X,Y)$ 是 Banach 空间.

证明 由命题 2.1.1 可知 $B(X,Y)$ 按算子范数成为赋范线性空间. 下证 $B(X,Y)$ 是完备的. 设 $\{T_n\}_{n=1}^{\infty}$ 是 $B(X,Y)$ 中的 Cauchy 列, 则对任意 $x \in X$, 由

$$\begin{aligned}\|T_n x - T_m x\| &= \|(T_n - T_m)x\| \\ &\leqslant \|T_n - T_m\| \cdot \|x\|,\end{aligned}$$

可知 $\{T_n x\}_{n=1}^{\infty}$ 是 Y 中的 Cauchy 列. 由于 Y 是完备的, 故存在唯一的 $y \in Y$, 使得

$$\lim_{n\to\infty} T_n x = y.$$

现在定义 $Tx = y$, 容易验证 T 是线性算子. 由于赋范线性空间中的 Cauchy 序列是有界的, 故存在正常数 K, 使得对一切的 $n = 1, 2, \cdots$, 有 $\|T_n\| \leqslant K$. 于是, 对于任意 $x \in X$, 有

$$\|Tx\| = \lim_{n\to\infty} \|T_n x\| \leqslant \lim_{n\to\infty} \|T_n\| \cdot \|x\| \leqslant K\|x\|.$$

由此可得 $T \in B(X,Y)$. 最后, 当 $n \to \infty$ 时, 有

$$\begin{aligned}\|T_n - T\| &= \sup_{\|x\|=1} \|(T_n - T)x\| \\ &= \sup_{\|x\|=1} \lim_{m\to\infty} \|(T_n - T_m)x\| \\ &= \lim_{m\to\infty} \sup_{\|x\|=1} \|(T_n - T_m)x\|\end{aligned}$$

$$= \lim_{m\to\infty} \|T_n - T_m\|$$
$$\to 0.$$

从而 $B(X,Y)$ 是完备的. □

若 X 为 Banach 空间, 对于任意 $T,S \in B(X)$, 我们按照如下方式定义乘法:

$$(TS)(x) = T(Sx), \quad \forall x \in X.$$

由下述命题告诉可知 $B(X)$ 不仅是 Banach 空间, 而且是个代数 (关于代数的概念可参阅文献 [13]).

命题2.1.3 假设 X 是 Banach 空间, 若 $T,S \in B(X)$, 则 $TS \in B(X)$, 并且

$$\|TS\| \leqslant \|T\|\cdot\|S\|.$$

证明 由算子范数的定义容易证明. □

假设 X,Y 都是赋范线性空间, T 是从 X 到 Y 的有界线性算子, 我们称

$$R(T) = \{y \in Y : \text{存在} x \in X, \text{使得} y = Tx\}$$

为 T 的值域. 若 $R(T) = Y$, 则称 T 为满射. 若对任意 $y \in R(T)$, 存在唯一的 $x \in X$, 使得 $y = Tx$, 则称 T 为单射. 若 T 为单射, 则可以定义从 $R(T)$ 到 X 的算子如下:

$$T^{-1}y = x, \quad \text{当} y = Tx.$$

此时称 T^{-1} 为 T 的逆算子. 容易验证 T^{-1} 也是线性算子. 但一般来讲 T^{-1} 未必有界 (或连续). 下面给出一个关于 T^{-1} 连续的充要条件.

命题2.1.4 假设 T 是从赋范线性空间 X 到赋范线性空间 Y 的线性算子, 那么 T 是单射且定义在 $R(T)$ 上的算子 T^{-1} 是连续的充要条件是存在正常数 K, 使得对任意 $x \in X$, 有

$$\|Tx\| \geqslant K\|x\|. \tag{2.1.4}$$

证明 充分性. 由 (2.1.4) 可知 $Tx = 0$ 蕴含 $x = 0$. 从而 T 是单射且逆算子 T^{-1} 是定义在 $R(T)$ 上的线性算子. 对于任意 $x \in X$, 令 $y = Tx$, 则 $x = T^{-1}y$. 再由 (2.1.4) 式可知

$$\|y\| = \|Tx\| \geqslant K\|x\| = K\|T^{-1}y\|.$$

即, T^{-1} 是有界的.

必要性. 反证法. 则对每个正整数 n, 必存在 $x_n \in X$, 使得

$$\|Tx_n\| < \frac{1}{n}\|x_n\|.$$

令 $y_n = Tx_n$, 则

$$\|y_n\| = \|Tx_n\| < \frac{1}{n}\|x_n\| = \frac{1}{n}\|T^{-1}y_n\|.$$

由此可见 T^{-1} 不是有界的, 这与假设 T^{-1} 是连续的矛盾. □

2.2 Hahn-Banach 定理

定义2.2.1 赋范线性空间 X 到复平面 $\mathbb{C}$ 的线性算子称为线性泛函.

显然, 线性泛函是线性算子的特殊情形. 由定理 2.1.1 可知赋范线性空间上的线性泛函 f 是有界的当且仅当 f 是连续的.

本节将讨论赋范线性空间上的有界线性泛函. 我们先从一个简单的例题出发.

例2.2.1 对任意 $x(t) \in L^p[a,b]$, $1 < p < \infty$, 定义

$$f(x) = \int_a^b x(t)\mathrm{d}t.$$

则容易验证 f 是 $L^p[a,b]$ 上的线性泛函, 并且由 Hölder 不等式可得

$$\begin{aligned}|f(x)| &= \left|\int_a^b x(t)\mathrm{d}t\right| \\ &\leqslant \left(\int_a^b 1^q \mathrm{d}t\right)^{1/q}\left(\int_a^b |x(t)|^p \mathrm{d}t\right)^{1/p} \\ &= (b-a)^{1/q}\|x\|_p,\end{aligned}$$

这里 $q = p/(p-1)$. 由此可见 f 是 $L^p[a,b]$ 上的有界线性泛函.

例 2.2.1 告诉我们: 赋范线性空间 $L^p[a,b]$ 上的确存在非零的有界线性泛函. 那么, 一个最基本的问题就是: 是否任一赋范线性空间上都有非零的有界线性泛函? 如果答案是肯定的, 另一个自然的问题就是: 对于任给的赋范线性空间, 其上有多少有界线性泛函呢?

关于线性泛函的研究最早可以追溯到 E. Schmidt 在 20 世纪初考察 Hilbert 空间 l^2 中无穷维线性方程组的工作. 后来 F. Riesz 和 E. Helly 等进一步考虑 $L^p[a,b]$ 以及一般赋范线性空间上的无穷维方程组的求解问题. 其核心问题是要解决有界线性泛函的延拓问题. 最后, H.Hahn 在 1927 年利用超穷归纳法解决了一般 Banach 空间上有界线性泛函的延拓问题.

定理2.2.1 (实 Banach 延拓定理) 假设 $f(x)$ 是实线性空间 X 中线性流形 M 上的实线性泛函, 如果存在 X 上的实值泛函 $p(x)$ 满足:

(1) $p(x+y) \leqslant p(x) + p(y)$, $p(\alpha x) = \alpha p(x)$, 当 $\alpha \geqslant 0$, $x \in X$;

(2) $f(x) \leqslant p(x)$, 当 $x \in M$,
则存在 X 上的实线性泛函 $F(x)$, 使得

$$F(x) = f(x), \quad 当 x \in M,$$

且

$$F(x) \leqslant p(x), \quad 当 x \in X.$$

证明　令 $x_0 \in X \setminus M$ 并考虑如下点集:

$$\mathscr{M} = \{\alpha x_0 + x : \alpha \in \mathbb{R}, x \in M\}.$$

显然, $\mathscr{M}$ 是包含 x_0 与 M 的最小线性流形.

第一步: 证明存在 $\mathscr{M}$ 上的实线性泛函 F_1, 使得

$$\begin{cases} F_1(x) = f(x), & x \in M, \\ F_1(x) \leqslant p(x), & x \in \mathscr{M}. \end{cases} \tag{2.2.1}$$

现令 $F_1(x_0) = r_0$, 这里常数 r_0 待定. 根据 (2.2.1) 式对 F_1 的要求: 对任意 $\lambda \in \mathbb{R}$ 和 $x \in M$, 有

$$\begin{aligned} F_1(\lambda x_0 + x) &= \lambda F_1(x_0) + f(x) \\ &\leqslant p(\lambda x_0 + x). \end{aligned}$$

从而, 对任意 $\lambda \neq 0$ 和 $x \in M$, 有

$$\lambda r_0 \leqslant p(\lambda x_0 + x) - f(x). \tag{2.2.2}$$

若 $\lambda > 0$, 则

$$\begin{aligned} r_0 &\leqslant \frac{1}{\lambda}\Big(p(\lambda x_0 + x) - f(x)\Big) \\ &= p\Big(x_0 + \frac{x}{\lambda}\Big) - f\Big(\frac{x}{\lambda}\Big) \\ &= p(x_0 + x') - f(x'), \end{aligned}$$

这里 $x' \in M$; 若 $\lambda < 0$, 则

$$\begin{aligned} r_0 &\geqslant \frac{1}{\lambda}\Big(p(\lambda x_0 + x) - f(x)\Big) \\ &= \frac{|\lambda|}{\lambda} p\Big(\frac{\lambda x_0}{|\lambda|} + \frac{x}{|\lambda|}\Big) + f\Big(\frac{x}{|\lambda|}\Big) \\ &= -p(-x_0 + x'') - f(x''), \end{aligned}$$

这里 $x'' \in M$. 综上, 条件 (2.2.2) 相当于对任意 $x', x'' \in M$, 有

$$-p(-x_0 + x'') + f(x'') \leqslant r_0 \leqslant p(x_0 + x') - f(x'). \tag{2.2.3}$$

下面证明满足上述条件的 r_0 的确是存在的. 为此, 由定理条件 (1) 和 (2), 对任意 $x', x'' \in M$, 有

$$\begin{aligned} f(x') + f(x'') &= f(x' + x'') \\ &\leqslant p(x' + x'') \\ &= p(x_0 + x' - x_0 + x'') \\ &\leqslant p(x_0 + x') + p(-x_0 + x''), \end{aligned}$$

即

$$-p(-x_0 + x'') + f(x'') \leqslant p(x_0 + x') - f(x').$$

由此可见, (2.2.3) 式左端恒小于右端. 若令

$$\sup_{x'' \in M} \Big(-p(-x_0 + x'') + f(x'') \Big) \leqslant r_0 \leqslant \inf_{x' \in M} \Big(p(x_0 + x') - f(x') \Big),$$

则由此 r_0 所确定的线性泛函 F_1 满足条件 (2.2.1).

第二步: 对于任意实线性泛函 $g(x)$, 记其定义域为 $\mathscr{D}(g)$, 如果有 $M \subset \mathscr{D}(g)$ 且

$$\begin{cases} g(x) = f(x), & x \in M, \\ g(x) \leqslant p(x), & x \in \mathscr{D}(g), \end{cases}$$

则称 g 为 f 的延拓. 现记 f 满足上述条件的所有延拓的集合为 $\mathscr{R}$, 并定义 $\mathscr{R}$ 中的偏序如下: 对于 $g_1, g_2 \in \mathscr{R}$, 若

$$\mathscr{D}(g_1) \subset \mathscr{D}(g_2),$$

且

$$g_1(x) = g_2(x), \quad x \in \mathscr{D}(g_1),$$

则 $g_1 \prec g_2$. 于是, $\mathscr{R}$ 是非空的偏序集. 现对 $\mathscr{R}$ 中的任何完全有序子集 $\mathscr{S}$, 可作线性泛函 $h(x)$ 使得

$$\mathscr{D}(h) = \bigcup_{g \in \mathscr{S}} \mathscr{D}(g),$$

且对任意 $g \in \mathscr{S}$, $x \in \mathscr{D}(g)$, 有

$$h(x) = g(x).$$

从而, $h \in \mathscr{R}$, 且对任意 $g \in \mathscr{S}$, 有 $g \prec h$. 即, h 是 $\mathscr{S}$ 的上界. 由 Zorn 引理, $\mathscr{R}$ 中必存在极大元 F. 显然, F 是 f 的延拓, 且 $\mathscr{D}(F) = X$. 否则, 由第一步的证明知 F 可以再延拓, 这与 F 的极大性矛盾. 从而, F 是 X 上的实线性泛函. 并且容易验证 F 满足定理结论. □

对于复线性空间的情形, 只需对上述实 Banach 延拓定理稍作修改即可.

定理2.2.2 (复 Banach 延拓定理) 假设 $f(x)$ 是复线性空间 X 中线性流形 M 上的线性泛函, 如果有 X 上的实值泛函 $p(x)$ 满足

(1) $p(x+y) \leqslant p(x) + p(y)$, $p(\alpha x) = |\alpha| p(x)$, 当 $\alpha \in \mathbb{C}$, $x \in X$;

(2) $|f(x)| \leqslant p(x)$, 当 $x \in M$,

则存在 X 上的线性泛函 $F(x)$, 使得

$$F(x) = f(x), \quad 当 x \in M,$$

且

$$|F(x)| \leqslant p(x), \quad 当 x \in X.$$

证明 若令

$$f_1(x) = \frac{f(x) + \overline{f(x)}}{2},$$
$$f_2(x) = \frac{f(x) - \overline{f(x)}}{2\mathrm{i}},$$

这里 i 为虚数单位, 则 f_1 为 f 的实部, f_2 为 f 的虚部, 且 $f(x) = f_1(x) + \mathrm{i} f_2(x)$. 由于 $f(x)$ 是线性流形 M 上的线性泛函, 则 $f_1(x)$ 和 $f_2(x)$ 为 M 上的实线性泛函. 下证 f 可以由实部 f_1 唯一确定. 为此, 我们首先注意到 $f(x)$ 是 M 上的线性泛函, 则对任意 $x \in M$, 有

$$\mathrm{i}[f_1(x) + \mathrm{i} f_2(x)] = \mathrm{i} f(x) = f(\mathrm{i}x) = f_1(\mathrm{i}x) + \mathrm{i} f_2(\mathrm{i}x).$$

比较上式两端的实部可知

$$-f_2(x) = f_1(\mathrm{i}x).$$

从而对任意 $x \in M$, 有

$$f(x) = f_1(x) + \mathrm{i} f_2(x) = f_1(x) - \mathrm{i} f_1(\mathrm{i}x).$$

即, f 由其实部 f_1 唯一确定.

由于复线性空间也可以看作实线性空间, 从而 f_1 可以看作实线性流形 M 上的实线性泛函, 而且对任意 $x \in M$, 有

$$f_1(x) \leqslant |f(x)| \leqslant p(x).$$

由定理 2.2.1 知 f_1 可以延拓成线性空间 X 上的实线性泛函 F_1, 满足

$$F_1(x) = f_1(x), \quad 当 x \in M,$$

且

$$F_1(x) \leqslant p(x), \quad 当 x \in X.$$

现令 $F(x) = F_1(x) - \mathrm{i}F_1(\mathrm{i}x)$, $x \in M$. 下面验证 F 满足定理结论. 首先, 对任意 $x, y \in X$, 显然由 F_1 的线性性知 $F(x+y) = F(x) + F(y)$, 并且对任意 $\alpha \in \mathbb{R}$, 有 $F(\alpha x) = \alpha F(x)$.

其次, 由

$$\begin{aligned} F(\mathrm{i}x) &= F_1(\mathrm{i}x) - \mathrm{i}F_1(-x) \\ &= \mathrm{i}F_1(x) + F_1(\mathrm{i}x) \\ &= \mathrm{i}[F_1(x) - \mathrm{i}F_1(\mathrm{i}x)] \\ &= \mathrm{i}F(x) \end{aligned}$$

可知 F 是复线性空间 X 上的线性泛函.

最后, 当 $x \in M$ 时, 显然 $\mathrm{i}x \in M$, 从而

$$F(x) = F_1(x) - \mathrm{i}F_1(\mathrm{i}x) = f_1(x) - \mathrm{i}f_1(\mathrm{i}x) = f(x);$$

而当 $x \in X$ 时, 若 $F(x) = 0$, 则显然 $|F(x)| = 0 \leqslant p(x)$. 若 $F(x) \neq 0$, 令 $\theta = \arg F(x)$, 从而

$$\begin{aligned} |F(x)| &= F(x)\mathrm{e}^{-\mathrm{i}\theta} = F(\mathrm{e}^{-\mathrm{i}\theta}x) \\ &= \Re F(\mathrm{e}^{-\mathrm{i}\theta}x) = F_1(\mathrm{e}^{-\mathrm{i}\theta}x) \\ &\leqslant p(\mathrm{e}^{-\mathrm{i}\theta}x) = p(x). \end{aligned}$$

□

定理2.2.3 (Hahn-Banach 定理) 假设 M 是赋范线性空间 X 上的线性流形, $f(x)$ 是 M 上的连续线性泛函, 则存在 X 上的连续线性泛函 $F(x)$, 使得

(1) $F(x) = f(x)$, 当 $x \in M$;

(2) $\|F\| = \|f\|_M$,

这里 $\|f\|_M$ 表示 f 作为 M 上的连续线性泛函的范数.

证明　对任意 $x \in X$, 令

$$p(x) = \|f\|_M \cdot \|x\|.$$

容易验证 f 和 p 满足定理 2.2.2 的条件, 于是, 存在 X 上的线性泛函 F, 使得

$$F(x) = f(x), \quad 当x \in M,$$

且

$$|F(x)| \leqslant p(x) = \|f\|_M \cdot \|x\|, \quad 当x \in X.$$

因此 F 是 X 上的有界线性泛函, 且 $\|F\| \leqslant \|f\|_M$. 另一方面, 由于 F 是 f 的延拓, 则 $\|F\| \geqslant \|f\|_M$. 总之, 我们有 $\|F\| = \|f\|_M$. □

Hahn-Banach 定理的重要性首先在于下面几个重要的推论.

推论2.2.1　假设 X 是赋范线性空间, 则对任给非零的 $x_0 \in X$, 存在 X 上的连续线性泛函 f 满足

(1) $\|f\| = 1$;

(2) $f(x_0) = \|x_0\|$.

证明　令 $M = \{\alpha x_0 : \alpha \in \mathbb{C}\}$ 并定义

$$f_0(\alpha x_0) = \alpha\|x_0\|.$$

则容易验证 M 是 X 上的线性流形, f_0 是 M 上的连续线性泛函, 并且 $\|f_0\|_M = 1$, $f_0(x_0) = \|x_0\|$. 由定理 2.2.3 知推论结论成立. □

推论 2.2.1 说明无穷维赋范线性空间上总存在非零的连续线性泛函. 但对于一般的距离线性空间, 此结论则不一定成立. 关于此论断的反例可参见文献 [8]. 更进一步, 下述推论告诉我们, 任何赋范线性空间上不仅存在非零的连续线性泛函, 而且相当多.

推论2.2.2　假设 X 是赋范线性空间, 若 $x_1, x_2 \in X$, 且 $x_1 \neq x_2$, 则必存在 X 上的连续线性泛函 f, 使得 $f(x_1) \neq f(x_2)$.

证明　令 $x_0 = x_1 - x_2$, 则 $x_0 \neq 0$. 由推论 2.2.1 可知存在 X 上的连续线性泛函 f, 使得 $f(x_0) \neq 0$. 从而 $f(x_1) - f(x_2) = f(x_1 - x_2) = f(x_0) \neq 0$, 即 $f(x_1) \neq f(x_2)$. □

推论2.2.3　假设 X 是赋范线性空间, M 是 X 的子空间, $x_0 \in X \backslash M$, 则存在 X 上的有界线性泛函 f 满足

(1) $f(x) = 0$, 当$x \in M$;

(2) $f(x_0) = 1$;

(3) $\|f\| = 1/\mathrm{dist}(x_0, M)$.

证明 令 $G=\{\alpha x_0+x:\alpha\in\mathbb{C},x\in M\}$ 并定义

$$f_0(\alpha x_0+x)=\alpha,\quad 当\alpha x_0+x\in G.$$

容易验证 G 是 X 中包含 x_0 与 M 的线性流型, f_0 是 G 上的线性泛函. 若 f_0 是 G 上的有界线性泛函且 $\|f_0\|_G=1/\mathrm{dist}(x_0,M)$, 则由定理 2.2.3 可知推论结论成立. 下证 f_0 有界且 $\|f_0\|_G=1/\mathrm{dist}(x_0,M)$.

令 $d=\mathrm{dist}(x_0,M)$, 则对任意 $\alpha x_0+x\in G$, 若 $\alpha\neq 0$, 有

$$\|\alpha x_0+x\|=|\alpha|\cdot\left\|x_0+\frac{1}{\alpha}x\right\|\geqslant|\alpha|\cdot d,$$

从而

$$|f_0(\alpha x_0+x)|=|\alpha|\leqslant\frac{\|\alpha x_0+x\|}{d}.$$

当 $\alpha=0$ 时, 上述不等式显然成立. 由此可知 f_0 是有界的, 且

$$\|f_0\|_G\leqslant\frac{1}{d}.\tag{2.2.4}$$

另一方面, 对任意 $\varepsilon>0$, 由 $\mathrm{dist}(x_0,M)$ 的定义知存在 $x_\varepsilon\in M$, 使得

$$\|x_0-x_\varepsilon\|<d+\varepsilon.$$

从而对任意 $\alpha\in\mathbb{C}$, 有

$$\|\alpha x_0-\alpha x_\varepsilon\|=|\alpha|\cdot\|x_0-x_\varepsilon\|<|\alpha|(d+\varepsilon).$$

于是,

$$|f_0(\alpha x_0-\alpha x_\varepsilon)|=|\alpha|\geqslant\frac{\|\alpha x_0-\alpha x_\varepsilon\|}{d+\varepsilon}.$$

由此可知

$$\|f_0\|_G\geqslant\frac{1}{d+\varepsilon}.$$

由 ε 的任意性知

$$\|f_0\|_G\geqslant\frac{1}{d}.\tag{2.2.5}$$

综上, 若 f_0 是 G 上的有界线性泛函且 $\|f_0\|_G=1/d=1/\mathrm{dist}(x_0,M)$. □

由推论 2.2.3 立得下列结论.

推论2.2.4 假设 M 是赋范线性空间 X 的线性流形, $x_0\in X$, 则 $x_0\in\bar{M}$ 当且仅当对 X 上的任何连续性泛函 f, 由 $f(x)=0(\forall x\in M)$ 可推知 $f(x_0)=0$.

进而, 有以下推论.

推论2.2.5　假设 S 是赋范线性空间 X 的子集, $x_0 \in X$, 则 x_0 可以用 S 中的元素的线性组合来逼近当且仅当对 X 上任何连续线性泛函 f, 由 $f(x)=0(\forall x \in S)$ 可推知 $f(x_0)=0$.

推论 2.2.5 是处理某些逼近问题的经典方法的基础, 即赋范线性空间中某个向量能否用某些给定的向量的线性组合来逼近, 可以通过它上面的连续线性泛函来判断.

定理2.2.4　假设 M 是 Banach 空间 X 的一个有限维子空间, 则存在 X 的子空间 N, 使得

$$X = M + N, \quad 且 M \cap N = \{0\}.$$

证明　假设子空间 M 的维数为 n 并令 $\{e_1, \cdots, e_n\}$ 为 M 的一组标准正交基. 记由 $e_1, \cdots, e_{j-1}, e_{j+1}, \cdots, e_n$ 张成的子空间为 M_j, $1 \leqslant j \leqslant n$, 根据推论 2.2.3 知存在 X 上的连续线性泛函 f_j, 使得

$$f_j(e_k) = \begin{cases} 1, & j = k, \\ 0, & j \neq k. \end{cases}$$

现令

$$P(x) = \sum_{j=1}^{n} f_j(x) e_j, \quad x \in X.$$

容易验证 $P \in B(X)$, $R(P) = M$ 且

$$f_k(P(x)) = \sum_{j=1}^{n} f_j(x) f_k(e_j) = f_k(x).$$

从而对任意 $x \in X$, 有

$$P^2(x) = P(P(x)) = \sum_{k=1}^{n} f_k(P(x)) e_k = \sum_{k=1}^{n} f_k(x) e_k = P(x).$$

记 $N = N(P) = \{x \in X : P(x) = 0\}$, 则 N 是 X 的子空间. 现在, 对于任意 $x \in X$, 有 $x = P(x) + [x - P(x)]$. 一方面, 由 $R(P) = M$ 知 $P(x) \in M$. 另一方面, 由

$$P(x - P(x)) = P(x) - P^2(x) = P(x) - P(x) = 0$$

可知 $x - P(x) \in N$. 从而 $X = M + N$. 最后, 若 $x \in M \cap N$, 则由 $R(P) = M$ 知必存在 $y \in X$, 使得 $P(y) = x$. 再由 $x \in N$ 可得 $0 = P(x) = P(P(y)) = P(y) = x$. 因此, $M \cap N = \{0\}$. □

上述定理中的两个子空间 M 和 N 称为拓扑互补子空间. 将一个空间分解成两个拓扑互补的子空间的方法在算子的研究上是非常重要的. 但是很遗憾的是, 对于相当多的 Banach 空间, 不是它的任何子空间都存在与之拓扑互补的子空间. 关于拓扑互补子空间的进一步结果可参阅文献 [9] 和 [10].

最后, 我们谈谈 Hahn-Banach 定理的几何形式. 首先回忆三维欧几里得空间 $\mathbb{R}^3$ 中平面的方程

$$ax + by + cz = d.$$

它实际上是 $\mathbb{R}^3$ 中线性泛函 $f(x, y, z) = ax + by + cz$ 取值为 d 的原像. 因此, 对于一般的无穷维 Banach 空间 X 上的线性泛函 f, 我们称

$$\{x \in X : f(x) = c\}$$

为 X 中的超平面. 超平面在 Banach 空间中的作用类似于平面在 $\mathbb{R}^3$ 中的作用. 现令 M 为 Banach 空间 X 的线性流形, $x_0 \in X \setminus M$, 我们称 $g = \{x_0 + x : x \in M\}$ 为 X 中的线性簇. 于是我们有下面关于 Hahn-Banach 定理的几何形式.

定理2.2.5 假设 X 是赋范线性空间, 若 X 中的线性簇 g 与开球 B 不相交, 则必存在 X 中的超平面 H, 它包含 g 且与 B 不相交.

证明 不失一般性, 我们令 $B = \{x \in X : \|x\| < 1\}$, $g = x_0 + M$, 这里 M 为 X 的线性流形且 $x_0 \notin M$. 由于 g 与 B 不相交, 则对任意 $x \in M$, 有 $\|x_0 + x\| \geqslant 1$. 于是, $d = \mathrm{dist}(x_0, \bar{M}) \geqslant 1$. 由推论 2.2.3, 存在 X 上的连续线性泛函 f, 使得

(1) $f(x) = 0$, 当 $x \in M$;

(2) $f(x_0) = 1$;

(3) $\|f\| = \dfrac{1}{d} \leqslant 1$.

现定义超平面 H 如下:

$$H = \{x \in X : f(x) = 1\}.$$

显然, 对任意 $x \in g$, 有 $x = x_0 + x_1$, 其中 $x_1 \in M$. 从而,

$$f(x) = f(x_0) + f(x_1) = 1,$$

即, $g \subset H$. 另外, 对于任意 $x \in B$, 由 $\|x\| < 1$ 知 $|f(x)| \leqslant \|f\| \cdot \|x\| < 1$. 从而, $x \notin H$, 即 g 与 B 不相交. □

Hahn-Banach 定理的几何形式本质上是一种分离定理. 为了具体说明此问题, 我们首先引入线性空间中的几个关于集合的概念.

定义2.2.2 假设 M 是线性空间 X 中的集合,

(1) M 称为凸的, 如果对任意 $x, y \in M$, $0 \leqslant \alpha \leqslant 1$, 有 $\alpha x + (1 - \alpha)y \in M$;

(2) M 称为平衡的, 如果对任意 $x \in M$, $|\alpha| \leqslant 1$, 有 $\alpha x \in M$;

(3) M 称为吸收的, 如果对任意 $x \in X$, 存在 $\delta > 0$, 使得当 $0 < |\alpha| \leqslant \delta$ 时, 有 $\alpha x \in M$.

定义2.2.3 假设 f 是实距离线性空间 X 上的连续线性泛函, M 和 N 是 X 的两个子集, 如果存在实数 r, 使得

$$f(x) \geqslant r, \quad 当x \in M,$$

$$f(x) \leqslant r, \quad 当x \in N,$$

则称超平面 $H = \{x \in X : f(x) = r\}$ 分离 M 和 N.

由此可知, Hahn-Banach 定理的几何形式实际上就是定理中的超平面 H 分离 g 与 B. 事实上, 关于凸集分离定理的研究最早可以追溯到 H. Minkowski 在 20 世纪初, 证明有限维空间中的有界凸闭集的每个边界点处都有一个支撑平面, 即凸集在这个支撑平面的一侧. 后来, E. Mazur 将这一结论推广到了无穷维赋范线性空间. 此外, 他还从集合的观点陈述了 Hahn-Banach 定理, 并且得到了下面重要的结果. 这里我们只给出定理的内容, 具体证明读者可参阅 [3] 或者 [8] 等文献.

定理2.2.6(Mazur 定理) 假设 M 是实赋范线性空间 X 的凸闭集, 如果 $0 \in M$, 则对任意 $x_0 \notin M$, 必存在 X 上的连续实线性泛函 f, 使得

(1) $f(x_0) > 1$;

(2) $f(x) \leqslant 1$, 当 $x \in M$.

最后, 我们需要指出, Hahn-Banach 定理的几何形式 (定理 2.2.5) 与 Hahn-Banach 定理 (定理 2.2.3) 是等价的. 由定理 2.2.5 的证明知 Hahn-Banach 定理蕴含着 Hahn-Banach 定理的几何形式. 下证 Hahn-Banach 定理的几何形式也能推出 Hahn-Banach 定理. 为此, 我们假设定理 2.2.5 成立. 对于任给的线性流形 M 及其上的连续线性泛函 f, 我们将构造 X 上的连续线性泛函 F 满足定理 2.2.3 的结论. 首先, 我们令

$$g = \{x \in M : f(x) = 1\},$$

$$B = \{x \in X : \|x\| \leqslant \mu\},$$

这里 $\mu = 1/\|f\|_M$. 取定 $x_0 \in g$, 则 $f(x_0) = 1$. 若令 $G = \{x \in M : f(x) = 0\}$, 则 $g = x_0 + G$. 即, g 为线性簇. 由于 B 是开球, 所以对任意 $x \in g$, 有

$$1 = f(x) \leqslant \|f\|_M \cdot \|x\|.$$

从而 $\|x\| \geqslant 1$. 即, $x \notin B$. 故 $g \cap B = \varnothing$. 由定理 2.2.5 可知存在超平面 $H = \{x \in X : F(x) = c\}$, 这里 F 是 X 上的连续线性泛函, 使得

$$g \subset H, \quad 且H \cap B = \varnothing.$$

首先, 证明 F 是 f 的延拓. 由 $H\cap B=\varnothing$ 知 $c\neq 0$. 否则 $0\in H\cap B$. 不失一般性, 我们令 $c=1$. 否则用 F/c 作为新的 F. 首先注意到 $g\subset H$, 从而 $f(x)=1$ 蕴含着 $F(x)=1$, 这里 $x\in M$. 于是, 对于任意 $x\in M$, 若 $f(x)=a\neq 0$, 则 $f\left(\dfrac{x}{a}\right)=1$. 从而 $F\left(\dfrac{x}{a}\right)=1$, 即 $F(x)=a$. 若 $f(x)=0$, 任取 $x_0\in g$, 则 $f(x+x_0)=f(x)+f(x_0)=1$. 从而 $F(x+x_0)=F(x_0)=1$. 故 $F(x)=0$.

其次, 证明 $\|F\|=\|f\|_M$. 一方面, 由于 F 是 f 的延拓, 故 $\|F\|\geqslant\|f\|_M$. 另一方面, 由 $H\cap B=\varnothing$ 可知 $B\subset\{x\in X:|F(x)|<1\}$. 否则, 必存在 $x_1\in B$, 使得 $|F(x_1)|\geqslant 1$. 现令 $x_2=\dfrac{x_1}{F(x_1)}$, 显然 $x_2\in B$ 且 $F(x_2)=1$. 从而 $x_2\in H\cap B$. 这与 $H\cap B=\varnothing$ 矛盾. 于是, 由 B 的构造知

$$\{x\in X:\|x\|\leqslant\mu\}\subset\{x\in X:|F(x)|<1\}.$$

由此可知

$$\sup_{\|x\|\leqslant\mu}|F(x)|\leqslant 1.$$

从而

$$\begin{aligned}\|F\|&=\sup_{\|x\|\leqslant 1}|F(x)|\\&=\sup_{\|x\|\leqslant\mu}\left|F\left(\frac{x}{\mu}\right)\right|\\&\leqslant\frac{1}{\mu}\\&=\|f\|_M.\end{aligned}$$

综上, 有 $\|F\|=\|f\|_M$.

2.3 一致有界原理

在讨论一致有界原理之前, 我们需要引入 Baire 纲定理. 首先, 有下面关于内部非空的点集的结论.

命题2.3.1 假设 X,Y 都是赋范线性空间, 则从 X 到 Y 的线性算子 T 是有界的当且仅当集合 $T^{-1}\{y\in Y:\ \|y\|\leqslant 1\}$ 的内部非空.

证明 首先, 命题的必要性是显然的. 对于充分性, 我们令 $M=T^{-1}\{y\in Y:\|y\|\leqslant 1\}$ 并假设 M 含有内点 x_0, 则必存在 $\delta_0>0$, 使得 M 包含小球

$$B=\{x\in X:\ \|x-x_0\|<\delta_0\}.$$

对于 $x \in X$ 且 $\|x\| < \delta_0$, 则 $x_0, x + x_0 \in B$, 且

$$\|Tx\| \leqslant \|T(x+x_0)\| + \|Tx_0\| \leqslant 2.$$

现对任意 $x \in X$ 且 $x \neq 0$, 则 $\|\frac{\delta_0}{2\|x\|}x\| < \delta_0$, 从而

$$\left\|T\left(\frac{\delta_0}{2\|x\|}x\right)\right\| \leqslant 2.$$

即

$$\|Tx\| \leqslant \frac{4}{\delta_0} \cdot \|x\|.$$

这说明 T 是有界的. □

基于此命题，我们有下面无处稠密集的概念.

定义2.3.1 对于距离空间 X 的任何子集 S, 如果 $\bar{S}$ 的内部是空集, 则 S 称为无处稠密的.

显然, 无处稠密集S 不可能在 X 中任何球内稠密.

定义2.3.2 在距离空间 X 中, 如果 S_n, $n = 1, 2, \cdots$ 都是 X 中的无处稠密集, 则称点集 $E = \bigcup_{n=1}^{\infty} S_n$ 为第一纲的. 非第一纲点集称为第二纲的.

定理2.3.1 (Baire 纲定理) 完备的距离空间 X 必是第二纲的.

证明 反证法. 令 $X = \bigcup_{n=1}^{\infty} S_n$, 且每个 S_n 都是 X 中的无处稠密集. 首先, 由 S_1 无处稠密知必存在 $x_1 \in X$ 且 $x_1 \notin \bar{S}_1$. 从而有小球 $B_1 = \{x \in X : d(x, x_1) < r_1\}$, 使得

$$B_1 \cap \bar{S}_1 = \varnothing.$$

同理, 由 S_2 无处稠密知必存在 $x_2 \in B_1$ 且 $x_2 \notin \bar{S}_2$. 从而有小球 $B_2 = \{x \in B_1 : d(x, x_2) < r_2\}$, 使得

$$\bar{B}_2 \subset B_1, \quad 且 B_2 \cap \bar{S}_2 = \varnothing.$$

显然, 我们可以假设 $r_2 < \frac{1}{2}$. 如此继续下去, 对每个正整数 $n \geqslant 2$, 必存在以 $x_n \in B_{n-1}$ 为心, $r_n < \frac{1}{2^{n-1}}$ 为半径的小球 B_n, 使得

$$\bar{B}_n \subset B_{n-1}, \quad 且 B_n \cap \bar{S}_n = \varnothing.$$

于是当正整数 $m \geqslant n$, 任取 $x_m \in U_n$, 有

$$d(x_m, x_n) < \frac{1}{2^{n-1}}.$$

从而 $\{x_n\}_{n=1}^{\infty}$ 是 X 中的 Cauchy 序列. 由 X 的完备性知必存在 $x \in X$, 使得 $x_n \to x$. 但是我们注意到: $x_m \in B_n$, 当 $m \geqslant n$. 于是, $x \in \bar{B}_n \subset B_{n-1}$, 故 $x \notin S_{n-1}$, $n = 2, 3, \cdots$. 这与 $X = \bigcup_{n=1}^{\infty} S_n$ 矛盾. □

从数学分析我们知道: 闭区间 $[0,1]$ 上的可微函数在每一点都是连续的. 但是在 $[0,1]$ 上是否存在处处连续但处处不可微的函数呢? 在数学分析中要回答这个问题是很难的. 但在这里, 利用 Baire 纲定理, 可以很容易证明: $[0,1]$ 上必存在处处连续但处处不可微的函数, 而且这样的函数还很多. 具体证明请参见 [8], [16] 等文献.

Baire 纲定理的另一个应用就是下面著名的一致有界原理, 又称共鸣定理.

定理2.3.2 (一致有界原理) 假设 X 是 Banach 空间, Y 是赋范线性空间, $\{T_\lambda\}_{\lambda\in\Lambda}$ 是 $B(X,Y)$ 中的一族元素, 且对任意 $x \in X$, 有

$$\sup_{\lambda\in\Lambda} \|T_\lambda x\| < \infty, \tag{2.3.1}$$

则

$$\sup_{\lambda\in\Lambda} \|T_\lambda\| < \infty.$$

证明 若令 $S_n = \{x \in X : \sup_{\lambda\in\Lambda} \|T_\lambda x\| \leqslant n\}$, $n = 1, 2, \cdots$, 则由条件 (2.3.1) 可知: $X = \bigcup_{n=1}^{\infty} S_n$. 由于 T_λ, $\lambda \in \Lambda$ 连续, 故每个 S_n 都是闭集. 由定理 2.3.1 知 X 必是第二纲的. 从而必定存在某个正整数 N_0, 使得 S_{N_0} 不是无处稠密集. 从而必存在小球 $B_{N_0} = \{x \in X : \|x - x_0\| < \delta_0\}$, 使得 $B_{N_0} \subset S_{N_0}$. 对于 $x \in X$ 且 $\|x\| < \delta_0$, 则 $x + x_0 \in B_{N_0}$. 于是 $x_0, x + x_0 \in S_{N_0}$, 从而对任意 $\lambda \in \Lambda$, 有

$$\|T_\lambda x\| \leqslant \|T_\lambda(x + x_0)\| + \|T_\lambda x_0\| \leqslant 2N_0.$$

现对任意 $x \in X$, 且 $x \neq 0$, 则 $\left\|\dfrac{\delta_0}{2\|x\|}x\right\| < \delta_0$. 从而

$$\left\|T_\lambda\left(\frac{\varepsilon_0}{2\|x\|}x\right)\right\| \leqslant 2N_0.$$

即

$$\|T_\lambda x\| \leqslant \frac{4N_0}{\delta_0} \cdot \|x\|.$$

而当 $x = 0$ 时, 上述不等式显然成立. 综上, 对任意 $x \in X$, 有

$$\|T_\lambda x\| \leqslant \frac{4N_0}{\delta_0} \cdot \|x\|.$$

故, 对任意 $\lambda \in \Lambda$, 有

$$\|T_\lambda\| \leqslant \frac{4N_0}{\delta_0}.$$ □

由定理的证明可知: 只需假设 (2.3.1) 在 X 的第二纲集上成立, 即可保证定理结论成立.

一致有界原理的一个重要应用就是研究连续函数的 Fourier 级数的敛散性问题. Fourier 级数是法国数学家 J. Fourier 在研究热传导问题时提出来的, 他曾以为对任意函数 $f(x)$, 其 Fourier 级数都是收敛的. 后来, Dirichlet 对 Fourier 级数的收敛条件进行了深入研究, 并于 1829 年给出了 Dirichlet 判别法. 在 Dirichlet 的研究工作之后的很多年里, 人们以为任何一个连续函数的 Fourier 级数都收敛到该函数自身. 但是, 德国数学家 Du Bois-Reymond 在 1873 年举出了一个连续函数, 它的 Fourier 级数在某点发散. 利用一致有界原理, 我们可以证明: 对任意 $x_0 \in (-\pi, \pi)$, 都存在 $f \in C(-\pi, \pi)$, 其 Fourier 级数在 x_0 点发散 ([8, 11]). 然而, 更令人振奋的结论是 Du Bois-Reymond 还举出了一个连续函数, 其 Fourier 级数在一个处处稠密的无穷点集上发散. 那么, 一个自然的问题就是: 是否存在一个函数, 其 Fourier 级数几乎处处发散呢? 1926 年, 俄国著名数学家 Kolmogorov 证明了: 存在 $f \in L(-\pi, \pi)$, 其 Fourier 级数处处发散. 然而, 在很长一段时间里, 人们仍然不知道是否存在连续函数, 其 Fourier 级数几乎处处收敛. 直到 1966 年, 瑞典数学家 L. Carleson 证明了: 对于任意 $f \in L^2(-\pi, \pi)$, 其 Fourier 级数几乎处处收敛 ([2]). 第二年, 他的学生 R. A. Hunt 将此结果推广到 $L^p(-\pi, \pi)$, $p > 1$ 的情形 ([7]). 显然, $[-\pi, \pi]$ 上的连续函数必定属于 $L^2(-\pi, \pi)$, 从而, 它的 Fourier 级数必定几乎处处收敛.

一致有界原理意味着有界线性算子簇的逐点有界性可以导出一致有界性. 这一结论在讨论与算子簇有关的收敛问题时是非常有用的. 比如, 一致有界原理可以推出下列著名的 Banach-Steinhaus 定理, 它是定积分近似计算中的机械求积公式的理论基础 ([1, 8]).

定理2.3.3 (Banach-Steinhaus 定理) 假设 X, Y 均为 Banach 空间, S 是 X 的一稠密子集, $\{T_n\}_{n=1}^{\infty}$ 是 $B(X, Y)$ 中的一族元素且 $T \in B(X, Y)$, 则对任意 $x \in X$,

$$\lim_{n \to \infty} T_n x = Tx \tag{2.3.2}$$

当且仅当

(1) $\{\|T_n\|\}_{n=1}^{\infty}$ 有界;

(2) 对任意 $x \in S$, (2.3.2) 式成立.

证明 必要性. 由于 $T \in B(X, Y)$, 则由 (2.3.2) 式知对任意 $x \in X$, $\{\|T_n x\|\}_{n=1}^{\infty}$ 有界. 从而由一致有界原理便知结论 (1) 成立. 另外, 由 (2.3.2) 式知结论 (2) 显然成立.

充分性. 由条件 (1) 可令 $\|T_n\| \leqslant C$, $n = 1, 2, \cdots$. 再由 S 在 X 中稠密知对任

意 $x \in X$ 及 $\varepsilon > 0$, 存在 $x_0 \in S$, 使得

$$\|x - x_0\| \leqslant \frac{\varepsilon}{3(\|T\| + C)}.$$

进而,

$$\begin{aligned}
\|T_n x - Tx\| &\leqslant \|T_n x - T_n x_0\| + \|T_n x_0 - Tx_0\| + \|Tx_0 - Tx\| \\
&= \|T_n(x - x_0)\| + \|T_n x_0 - Tx_0\| + \|T(x_0 - x)\| \\
&\leqslant C \cdot \frac{\varepsilon}{3(\|T\| + C)} + \|T_n x_0 - Tx_0\| + \|T\| \cdot \frac{\varepsilon}{3(\|T\| + C)} \\
&\leqslant \frac{2}{3}\varepsilon + \|T_n x_0 - Tx_0\|.
\end{aligned}$$

再由条件 (2) 知, 存在正整数 N, 使得当 $n > N$ 时, 有

$$\|T_n x_0 - Tx_0\| < \frac{\varepsilon}{3}.$$

综上, 对任意 $x \in X$ 及 $\varepsilon > 0$, 存在正整数 N, 使得当 $n > N$ 时, 有

$$\|T_n x - Tx\| < \varepsilon.$$

□

2.4 开映射定理和闭图形定理

定理2.4.1 (开映射定理) 假设 X, Y 都是 Banach 空间, 若 $T \in B(X, Y)$ 是满射, 则映射 T 为开映射, 即 T 映 X 中开集为 Y 中开集.

证明 为区分起见, 我们记 $B_X(x_0, r)$ 为 X 中以 x_0 为心, r 为半径的开球; 记 $B_Y(y_0, r)$ 为 Y 中以 y_0 为心, r 为半径的开球. 现令 U 为 X 中的任意开集, 下证 TU 是 Y 中的开集. 对任意 $x_0 \in U$, 必存在开球 $B_X(x_0, r)$, 使得 $B_X(x_0, r) \subset U$. 于是 $TB_X(x_0, r) \subset TU$. 因此下面只需证明存在以 Tx_0 为心的开球 $B_Y(Tx_0, \delta)$, 使得 $B_Y(Tx_0, \delta) \subset TB_X(x_0, r)$ 即可. 为此, 首先注意到 T 为满射, 则 $TX = Y$, 且

$$Y = TX = \bigcup_{n=0}^{\infty} TB_X(0, n).$$

由于 Y 是完备的, 由 Baire 纲定理知必存在正整数 N, 使得 $TB_X(0, N)$ 不是无处稠密集. 从而必存在 $y_0 \in Y$ 及正数 r, 使得 $B_Y(y_0, r) \subset \overline{TB_X(0, N)}$. 由于 $x \in B_X(0, N)$ 当且仅当 $-x \in B_X(0, N)$, 再由 $B_X(0, N)$ 为凸集知

$$B_Y(-y_0, r) \subset \overline{TB_X(0, N)}.$$

现在, 我们注意到

$$
\begin{aligned}
B_Y(0,r) &\subset \frac{1}{2}B_Y(y_0,r)+\frac{1}{2}B_Y(-y_0,r)\\
&=\left\{\frac{1}{2}y_1+\frac{1}{2}y_2: y_1\in B_Y(y_0,r), y_2\in B_Y(-y_0,r)\right\}\\
&\subset \overline{TB_X(0,N)}.
\end{aligned}
$$

若令 $\delta=r/N$, 则由上式知 $B_Y(0,\delta)\subset\overline{TB_X(0,1)}$. 更一般地, 对任意正整数 k, 我们有

$$
B_Y\left(0,\frac{\delta}{3^k}\right)\subset\overline{TB_X\left(0,\frac{1}{3^k}\right)}. \tag{2.4.1}
$$

下证

$$
B_Y\left(0,\frac{\delta}{3}\right)\subset TB_X(0,1). \tag{2.4.2}
$$

从而由 T 的线性性知 $B_Y\left(Tx_0,\dfrac{\delta}{3}\right)\subset TB_X(x_0,1)$, 进而有 $B_Y\left(Tx_0,\dfrac{\delta r}{3}\right)\subset TB_X(x_0,r)$, 即定理得证.

为此, 我们任取 $y_0\in B_Y\left(0,\dfrac{\delta}{3}\right)$, 由 (2.4.1) 式知存在 $x_1\in B_X\left(0,\dfrac{1}{3}\right)$, 使得

$$
\|y_0-Tx_1\|<\frac{\delta}{3^2}.
$$

若记 $y_1=y_0-Tx_1$, 则 $y_1\in B_Y\left(0,\dfrac{\delta}{3^2}\right)$. 再由 (2.4.1) 式知存在 $x_2\in B_X\left(0,\dfrac{1}{3^2}\right)$, 使得

$$
\|y_1-Tx_2\|<\frac{\delta}{3^3}.
$$

从而由数学归纳法可知存在 $x_k\in X$ 和 $y_k\in Y$, 使得对任意正整数 k, 有

$$
x_k\in B_X\left(0,\frac{1}{3^k}\right),\quad y_k=y_{k-1}-Tx_x\in B_Y\left(0,\frac{\delta}{3^{k+1}}\right).
$$

于是有 $\sum_{k=1}^{\infty}\|x_k\|<1$. 若令 $x_0=\sum_{k=1}^{\infty}x_k$, 则 $x_0\in B_X(0,1)$ 且

$$
\begin{aligned}
\|y_k\| &=\|y_{k-1}-Tx_x\|\\
&=\|y_{k-2}-(Tx_x+Tx_{k-1})\|\\
&=\cdots\\
&=\|y_0-T(x_k+\cdots+x_1)\|\\
&<\frac{\delta}{3^{k+1}}.
\end{aligned}
$$

若记 $\tilde{x}_k = \sum_{j=1}^{k} x_j$, 则 $\tilde{x}_k \to x$ 且 $T\tilde{x}_k \to y_0$. 另一方面, 由 T 的连续性知 $T\tilde{x}_k \to Tx_0$, 从而 $Tx_0 = y_0$, 即 $y_0 \in TB_X(0,1)$. 于是, (2.4.2) 式得证. □

由定理的证明易知: 若 $T \in B(X,Y)$ 不是满射, 但 $R(T)$ 是 X 的第二纲集, 则 T 仍为开映射.

我们在 2.1 节中引入了逆算子的概念, 并且指出有界线性算子的逆算子也是线性的, 但是未必有界. 下面著名的 Banach 逆算子定理告诉我们, 在 Banach 空间中, 这种情况不会发生.

定理2.4.2(Banach 逆算子定理) 假设 X, Y 都是 Banach 空间, 若 $T \in B(X,Y)$ 既是单射也是满射, 则 $T^{-1} \in B(X,Y)$.

证明 对于 X 中的任何开集 O, 由开映射定理和已知条件得 $(T^{-1})^{-1}(O) = T(O)$ 为开集. 于是由定理 1.2.2 知 T^{-1} 是连续的. □

命题2.4.1 假设 $\|\cdot\|_1$ 与 $\|\cdot\|_2$ 是线性空间 X 上的两个范数, 若它们都使 X 成为 Banach 空间且 $\|\cdot\|_1$ 强于 $\|\cdot\|_2$, 则 $\|\cdot\|_1$ 与 $\|\cdot\|_2$ 等价.

证明 记 $X_1 = \langle X, \|\cdot\|_1 \rangle$, $X_2 = \langle X, \|\cdot\|_2 \rangle$, 并令 I 为 X_1 到 X_2 的恒等映射, 即对任意 $x \in X$, 有 $Ix = x$.

由于 $\|\cdot\|_1$ 强于 $\|\cdot\|_2$, 则存在常数 $K > 0$, 使得 $\|x\|_2 \leqslant K\|x\|_1$, 即对任意 $x \in X$, 有

$$\|Ix\|_2 \leqslant K\|x\|_1.$$

这说明 I 是 X_1 到 X_2 的有界线性算子. 另外, I 显然既是单射也是满射, 由 Banach 逆算子定理知 I^{-1} 也是有界的, 从而对任意 $x \in X$, 有

$$\|I^{-1}x\|_1 \leqslant \|I^{-1}\| \cdot \|x\|_2,$$

即, $\|x\|_1 \leqslant \|I^{-1}\| \cdot \|x\|_2$. 从而 $\|\cdot\|_2$ 强于 $\|\cdot\|_1$. 故, $\|\cdot\|_1$ 与 $\|\cdot\|_2$ 等价. □

注2.4.1 若上述命题中 X 为有限维空间, 则容易验证 X 上任意两个范数都是等价的.

在很多情况下, 线性算子都是无界的, 例如微分算子就是一类典型的无界算子. 处理这些无界的线性算子的一般的方法就是限制其定义域, 使其成为一个有界算子. 另一种方法就是考察其图形是否具有某种特定的性质, 这就得到我们感兴趣的另一类算子, 称为闭算子.

定义2.4.1 假设 X 和 Y 都是赋范线性空间, M 是 X 的线性流形, $T: M \to Y$ 为线性算子, M 称为 T 的定义域, 记为 $D(T)$, T 的图形是指 $X \times Y$ 中的集合

$$G(T) = \{(x, Tx) : x \in D(T)\}.$$

若 $G(T)$ 是 $X \times Y$ 中的闭集, 则称 T 为闭算子.

容易验证, 若 T 为闭算子当且仅当从 $x_n \in D(T), n=1,2,\cdots$,

$$\lim_{n\to\infty} x_n = x_0 \quad 与 \quad \lim_{n\to\infty} Tx_n = y_0$$

可以推出 $x_0 \in D(T)$, 且 $Tx_0 = y_0$.

无界闭算子的例子是很多的, 比如连续函数空间 $C[a,b]$ 上的微分算子. 我们考察 $M = \left\{x(t) \in C[a,b] : \frac{\mathrm{d}x}{\mathrm{d}t} \in C[a,b]\right\}$. 容易验证 M 是 $C[a,b]$ 的线性流形且 $T = \frac{\mathrm{d}}{\mathrm{d}t}$ 是从 M 到 $C[a,b]$ 的线性算子. 现令 $x_n \in M, n=1,2,\cdots$, 使得

$$\lim_{n\to\infty} x_n = x_0 \quad 且 \quad \lim_{n\to\infty} Tx_n = y_0.$$

这说明 x_n 一致收敛到 x_0, 且 $\frac{\mathrm{d}x_n}{\mathrm{d}t}$ 一致收敛到 y_0, 则 $\frac{\mathrm{d}x_0}{\mathrm{d}t} = y_0$. 从而 $x_0 \in M$, 且 $Tx_0 = y_0$. 即 T 为闭算子. 但是, 众所周知, $T = \frac{\mathrm{d}}{\mathrm{d}t}$ 是无界的.

然而, 若 Banach 空间上的闭算子 T 的定义域为全空间, 或者 T 可以扩张到全空间, 则 T 必定是有界线性算子. 这就是下面著名的闭图形定理.

定理2.4.3 (闭图形定理)　假设 T 是从 Banach 空间 $\langle X, \|\cdot\|_1\rangle$ 到 Banach 空间 $\langle Y, \|\cdot\|_2\rangle$ 的闭算子且 $D(T) = X$, 则 T 是有界的.

证明　对任意 $x \in X$, 定义

$$\|x\| = \|x\|_1 + \|Tx\|_2. \tag{2.4.3}$$

显然, $\|\cdot\|$ 为 X 上的范数. 现设 $\{x_n\}_{n=1}^{\infty} \subset X$ 按 $\|\cdot\|$ 为 Cauchy 列, 则 $\{x_n\}_{n=1}^{\infty}$ 和 $\{Tx_n\}_{n=1}^{\infty}$ 分别是 X 和 Y 中的 Cauchy 列. 由于 X 和 Y 都是完备的, 则存在 $x_0 \in X$, $y_0 \in Y$, 使得

$$\lim_{n\to\infty} x_n = x_0, \quad \lim_{n\to\infty} Tx_n = y_0.$$

由 T 是闭算子知 $x_0 \in D(T)$, 且 $Tx_0 = y_0$. 于是当 $n \to \infty$ 时, 有

$$\|x_n - x_0\| = \|x_n - x_0\|_1 + \|Tx_n - Tx_0\|_2 \to 0.$$

即, $\{x_n\}_{n=1}^{\infty}$ 按范数 $\|\cdot\|$ 收敛. 故 X 按范数 $\|\cdot\|$ 也构成 Banach 空间, 且由 (2.4.3) 式知范数 $\|\cdot\|$ 强于 $\|\cdot\|_1$. 由命题 2.4.1 知范数 $\|\cdot\|$ 与 $\|\cdot\|_1$ 等价. 从而存在常数 $K > 0$, 使得对任意 $x \in X$, 有

$$\|x\| \leqslant K\|x\|_1.$$

进而再由 (2.4.3) 式知

$$\|Tx\|_2 \leqslant \|x\| \leqslant K\|x\|_1.$$

即, T 是有界的. □

闭图形定理在证明算子 T 在某点处连续有时候是很有帮助的. 另外, 作为一个直接的应用, 我们考虑量子力学中的一些力学量 T, 比如能量算符、动量算符, 它们对 Hilbert 空间 $\mathbb{H}$ 中某些元素 x, y 满足

$$(Tx, y) = (x, Ty).$$

应用中为了方便运算, 希望将 T 扩充到整个空间 $\mathbb{H}$ 上. 由于我们知道这些力学量都是无界算子, 下列著名的 Hellinger-Toeplitz 定理告诉我们, 这种扩充是不可能的.

定理2.4.4 (Hellinger-Toeplitz 定理)　假设 $\mathbb{H}$ 为 Hilbert 空间, $T : \mathbb{H} \to \mathbb{H}$ 为线性算子, 且对任意 $x, y \in \mathbb{H}$, 有

$$(Tx, y) = (x, Ty),$$

则 T 是有界的.

证明　若令 $\lim_{n\to\infty} x_n = x_0$, $\lim_{n\to\infty} Tx_n = y_0$, 则对任意 $y \in \mathbb{H}$, 有

$$(Tx_n, y) = (x_n, Ty), \quad n = 1, 2, \cdots.$$

在上式中令 $n \to \infty$ 得

$$(y_0, y) = (x_0, Ty).$$

从而, 对任意 $y \in \mathbb{H}$, 有

$$(y_0, y) = (x_0, Ty) = (Tx_0, y).$$

即 $y_0 = Tx_0$. 故 T 为闭算子. 由闭图形定理立知 T 是有界的. □

习　题　2

1. 假设 T 是赋范线性空间 $\langle X, \|\cdot\|_1\rangle$ 到赋范线性空间 $\langle Y, \|\cdot\|_2\rangle$ 的有界线性算子, 证明:

$$\|T\| = \sup_{\|x\|_1=1} \|Tx\|_2 = \sup_{\|x\|_1\leqslant 1} \|Tx\|_2.$$

2. 假设无穷方阵 (a_{ij}), $i, j = 1, 2, \cdots$, 满足

$$\sup_i \sum_{j=1}^{\infty} |a_{ij}| < \infty,$$

构造 l^∞ 到自身的算子如下: 若 $x = (\xi_1, \xi_2, \cdots)$, $y = (\eta_1, \eta_2, \cdots)$, $Tx = y$, 则

$$\eta_i = \sum_{j=1}^{\infty} a_{ij}\xi_j, \quad i = 1, 2, \cdots.$$

试证明:

$$\|T\| = \sup_i \sum_{j=1}^{\infty} |a_{ij}|.$$

3. 假设 $\sup_{i\geqslant 1}|a_i| < \infty$, $1 \leqslant p \leqslant \infty$, 在 l^p 中定义算子如下: 若 $x = (\xi_1, \xi_2, \cdots)$, $y = (\eta_1, \eta_2, \cdots)$, $Tx = y$, 则

$$\eta_i = a_i \xi_i, \quad i = 1, 2, \cdots.$$

证明: T 为有界线性算子, 且 $\|T\| = \sup_{i\geqslant 1}|a_i|$.

4. 令 T 是 Banach 空间 X 上的有界线性算子, 如果存在 X 上的有界线性算子 S, 使得

$$TS = ST = I,$$

这里 I 是 X 上的恒等算子, 则 T 是有界可逆的, 且 $T^{-1} = S$.

5. 假设 X, Y 均为 Banach 空间, $T \in B(X, Y)$ 满足

(1) $R(T) = Y$;

(2) 存在正常数 K, 使得对任意 $x \in X$, 都有

$$\|x\| \leqslant K\|Tx\|,$$

证明: T 有界可逆, 且 $\|T^{-1}\| \leqslant K$.

6. 假设 X, Y 均为 Banach 空间, $T \in B(X, Y)$, 若存在正常数 K, 使得对任意 $y \in R(T)$, 存在 $x \in \{x : Tx = y\}$ 满足

$$\|x\| \leqslant K\|y\|,$$

试证明: $R(T)$ 为 Y 中的闭集.

7. 令 X 为 Banach 空间, $T, S \in B(X)$. 若 T 和 S 都是有界可逆的, 则 TS 也有界可逆, 且

$$(TS)^{-1} = S^{-1}T^{-1}.$$

8. 假设 X, Y 均为赋范线性空间, 且 $X \neq \{0\}$, 试证明: 若 $B(X, Y)$ 为 Banach 空间, 则 Y 必为 Banach 空间.

9. 令 X 是赋范线性空间, $x, y \in X$. 如果对 X 上的任何连续线性泛函 f, 都有 $f(x) = f(y)$, 则 $x = y$.

10. 假设 X 为赋范线性空间, $\|\cdot\|_1$ 与 $\|\cdot\|_2$ 分别为 X 上的范数, 如果凡按 $\|\cdot\|_1$ 连续的线性泛函也按 $\|\cdot\|_2$ 连续, 则存在正常数 K, 使得对任意 $x \in X$, 有

$$\|x\|_1 \leqslant K\|x\|_2.$$

11. 试证明: 若 T 为闭算子当且仅当从 $x_n \in D(T)$, $n = 1, 2, \cdots$,

$$\lim_{n\to\infty} x_n = x_0 \quad 与 \quad \lim_{n\to\infty} Tx_n = y_0$$

可以推出 $x_0 \in D(T)$, 且 $Tx_0 = y_0$.

12. 假设 X 和 Y 均为 Banach 空间, $T \in B(X, Y)$, 若 T 是单射, 则 T^{-1} 为闭算子.

13. 假设 X 和 Y 均为 Banach 空间, $T: X \to Y$ 为闭线性算子, $R(T)$ 在 Y 中稠密且 T^{-1} 有界, 则 $R(T) = Y$.

14. 假设 X 和 Y 均为 Banach 空间, $T \in B(X,Y)$, 如果 $R(T) = Y$, 则存在正常数 K, 对任意 $y \in Y$, 都有 $x \in X$, 使得

$$Tx = y, \quad 且\|x\| \leqslant K\|y\|.$$

15. 利用一致有界原理证明: 对任意 $x_0 \in (-\pi, \pi)$, 存在 $f \in C(-\pi, \pi)$, 其 Fourier 级数在 x_0 点发散.

第 3 章　自反空间、共轭算子与算子谱理论

3.1　共轭空间、二次共轭与自反空间

假设 X 与 Y 均为 Banach 空间, 由 2.1 节知 $B(X,Y)$ 为 Banach 空间. 现令 $Y=\mathbb{C}$, 称 $B(X,\mathbb{C})$ 为 X 的共轭空间, 记为 X^*. 事实上, X^* 为 X 上全体有界线性泛函构成的空间.

我们先回到有限维空间, 即考虑 $X=\mathbb{R}^n$ 的情形. 对任意 $x=(x_1,\cdots,x_n)\in\mathbb{R}^n$, 定义

$$f_j(x)=x_j,\quad j=1,\cdots,n.$$

显然, $f_j(x)$ 为 x 的第 j 个坐标且 $f_j\in(\mathbb{R}^n)^*$. 而对于任意 Banach 空间 X, 有界线性泛函正类似于点的坐标, 即对任意 $x\in X$, 有如下对应:

$$x\mapsto\{f(x)\}_{f\in X^*}.$$

而且对任意 $x_1,x_2\in X$, $x_1\neq x_2$, 由推论 2.2.2 立知: 存在 $f\in X^*$, 使得 $f(x_1)\neq f(x_2)$. 在泛函分析以后的发展和应用中, 人们常将 Banach 空间与其共轭空间联系起来考虑. 共轭理论的思想正是利用共轭空间 X^* 来刻画 X 的某些特性. 从几何的观点来看, 它所起的作用就相当于有限维空间中的坐标. 共轭理论不只在泛函分析理论本身, 而且在数学物理和近代偏微分方程理论上都起到非常重要的作用.

定理3.1.1　令 X 为 Banach 空间, 若 X^* 可分, 则 X 也可分.

证明　考察 X^* 的单位球面 $S=\{f\in X^*:\|f\|=1\}$, 由 X^* 可分知 S 存在可数的稠密子集 $\{f_k\}_{k=1}^{\infty}$. 我们注意到对任意 k, 由范数的定义知必存在 $x_k\in X$, 且 $\|x_k\|\leqslant 1$, 使得

$$|f_k(x_k)|>\frac{1}{2},\quad k=1,2,\cdots.$$

若 X 不可分, 则 $\{x_k\}_{k=1}^{\infty}$ 张成的子空间 M 不等于 X. 从而由推论 2.2.3 知存在 $f_0\in X^*$, 使得

$$f_0(x_k)=0,\quad k=1,2,\cdots,\quad 且\|f_0\|=1.$$

从而, 对任意 $n=1,2,\cdots$, 有

$$\begin{aligned}\|f_0-f_k\| &\geqslant |f_0(x_k)-f_k(x_k)| \\ &= |f_k(x_k)| \\ &> \frac{1}{2}.\end{aligned}$$

这与 $\{f_k\}_{k=1}^{\infty}$ 为 S 的稠密子集矛盾. □

下面我们给出几个具体的共轭空间的例子.

例3.1.1 $(L^p[a,b])^*=L^q[a,b]$, 这里 $1<p<\infty$, $p^{-1}+q^{-1}=1$.

证明 第一步: 对任意 $y(t)\in L^q[a,b]$, 定义

$$f(x)=\int_a^b x(t)y(t)\mathrm{d}t, \quad \forall x(t)\in L^p[a,b]. \tag{3.1.1}$$

显然, f 是 $L^p[a,b]$ 上的线性泛函, 且由 Hölder 不等式可知

$$|f(x)|=\left|\int_a^b x(t)y(t)\mathrm{d}t\right| \leqslant \|x\|_p\|y\|_q.$$

即, $\|f\|\leqslant\|y\|_q$. 从而 $f\in(L^p[a,b])^*$.

第二步: 对于任意 $f\in(L^p[a,b])^*$, 下证存在唯一的 $y(t)\in L^q[a,b]$, 使得 (3.1.1) 式成立, 且 $\|f\|=\|y\|_q$. 令 $\chi_t=\chi_{[a,t]}$ 为区间 $[a,t]$ 上的特征函数, 记 $g(t)=f(\chi_t)$. 现对区间 $[a,b]$ 做如下分划:

$$a\leqslant a_1<b_1\leqslant\cdots\leqslant a_n<b_n\leqslant b,$$

并记

$$\varepsilon_j=\frac{\overline{g(b_j)-g(a_j)}}{|g(b_j)-g(a_j)|},$$

当 $g(b_j)-g(a_j)=0$ 时, 我们约定 $\varepsilon_j=0$, 则

$$\begin{aligned}\sum_{j=1}^n|g(b_j)-g(a_j)| &= \sum_{j=1}^n\varepsilon_j(f(\chi_{b_j})-f(\chi_{a_j})) \\ &\leqslant \|f\|\cdot\left\|\sum_{j=1}^n\varepsilon_j(\chi_{b_j}-\chi_{a_j})\right\|_p \\ &= \|f\|\left(\sum_{j=1}^n(b_j-a_j)\right)^{\frac{1}{p}}.\end{aligned}$$

由此可知: 当 $\sum_{j=1}^{n}(b_j-a_j)$ 很小时, $\sum_{j=1}^{n}|g(b_j)-g(a_j)|$ 也很小, 从而 $g(t)$ 在 $[a,b]$ 上绝对连续. 若令 $y(t)=g'(t)$, a.e., 则 $y(t)$ 可积, 且

$$g(t)=g(a)+\int_a^t y(\tau)\mathrm{d}\tau,\quad t\in[a,b].$$

但 $\chi_a=0$, 从而 $g(a)=f(\chi_a)=0$, 即

$$g(t)=\int_a^t y(\tau)\mathrm{d}\tau,\quad t\in[a,b].$$

首先, 若 $x(t)$ 是 $[a,b]$ 上的阶梯函数, 即 $x(t)=\sum_{j=1}^{n}a_j(\chi_{t_j}-\chi_{t_{j-1}})$, $a_j\in\mathbb{R}$, $a=t_0<t_1<\cdots<t_n=b$, 则

$$\begin{aligned}f(x)&=\sum_{j=1}^{n}a_j(f(\chi_{t_j})-f(\chi_{t_{j-1}}))\\&=\sum_{j=1}^{n}a_j(g(t_j)-g(t_{j-1}))\\&=\sum_{j=1}^{n}a_j\int_{t_{j-1}}^{t_j}y(t)\mathrm{d}t\\&=\int_a^b x(t)y(t)\mathrm{d}t.\end{aligned}\tag{3.1.2}$$

其次, 若 $x(t)$ 是有界可测函数, 不妨设 $|x(t)|\leqslant K$, $t\in[a,b]$, 则存在阶梯函数列 $x_n(t)$, 使得

$$|x_n(t)|\leqslant K,\quad t\in[a,b],\quad n=1,2,\cdots,$$

并且当 $n\to\infty$ 时, $x_n(t)\to x(t)$, a.e. 由 (3.1.2) 式与 Lebesgue 控制收敛定理知

$$\begin{aligned}f(x)&=\lim_{n\to\infty}f(x_n)\\&=\lim_{n\to\infty}\int_a^b x_n(t)y(t)\mathrm{d}t\\&=\int_a^b x(t)y(t)\mathrm{d}t,\end{aligned}\tag{3.1.3}$$

且

$$\lim_{n\to\infty}\|x_n-x\|_p=\lim_{n\to\infty}\left(\int_a^b|x_n(t)-x(t)|^p\mathrm{d}t\right)^{\frac{1}{p}}=0.$$

下面证明 $y(t) \in L^q[a,b]$. 令

$$x_n(t) = \begin{cases} |y(t)|^{q-1}\text{sgn}\, y(t), & |y(t)|^{q-1} \leqslant n, \\ 0, & |y(t)|^{q-1} > n. \end{cases}$$

显然, $x_n(t)$ 是有界可测函数. 若记 $E_n = \{t : |y(t)|^{q-1} \leqslant n\}$, 一方面, 我们有

$$|f(x_n)| \leqslant \|f\| \cdot \|x_n\|_p = \|f\| \left(\int_{E_n} |y(t)|^q \mathrm{d}t \right)^{\frac{1}{p}}.$$

另一方面, 由 (3.1.3) 式知

$$f(x_n) = \int_a^b x_n(t)y(t)\mathrm{d}t = \int_{E_n} |y(t)|^q \mathrm{d}t.$$

从而

$$\int_{E_n} |y(t)|^q \mathrm{d}t \leqslant \|f\| \left(\int_{E_n} |y(t)|^q \mathrm{d}t \right)^{\frac{1}{p}}.$$

由于 $p^{-1} + q^{-1} = 1$, 则

$$\left(\int_{E_n} |y(t)|^q \mathrm{d}t \right)^{\frac{1}{q}} \leqslant \|f\|.$$

由 n 的任意性可知

$$\left(\int_a^b |y(t)|^q \mathrm{d}t \right)^{\frac{1}{q}} \leqslant \|f\|, \tag{3.1.4}$$

即, $y(t) \in L^q[a,b]$.

最后, 对于任意的 $x(t) \in L^p[a,b]$, 令

$$x_n(t) = \begin{cases} |x(t)|, & |x(t)| \leqslant n, \\ 0, & |x(t)| > n, \end{cases}$$

并记 $F_n = \{t : |x(t)| > n\}$, 则当 $n \to \infty$ 时, $m(F_n) \to 0$, 从而

$$\|x_n - x\|_p = \left(\int_{F_n} |x(t)|^p \mathrm{d}t \right)^{\frac{1}{p}} \to 0.$$

根据 Hölder 不等式, 当 $n \to \infty$ 时, 有

$$\left| \int_a^b x_n(t)y(t)\mathrm{d}t - \int_a^b x(t)y(t)\mathrm{d}t \right| \leqslant \|x_n - x\|_p \|y\|_q \to 0.$$

从而由 (3.1.3) 式可得

$$f(x) = \lim_{n\to\infty} f(x_n) = \lim_{n\to\infty} \int_a^b x_n(t)y(t)\mathrm{d}t = \int_a^b x(t)y(t)\mathrm{d}t.$$

即, (3.1.1) 式成立. 对 (3.1.1) 式利用 Hölder 不等式可得

$$|f(x)| = \left|\int_a^b x(t)y(t)\mathrm{d}t\right| \leqslant \|x\|_p\|y\|_q, \quad \forall x \in L^p[a,b].$$

因此, $\|f\| \leqslant \|y\|_q$. 再结合 (3.1.4) 式知 $\|f\| = \|y\|_q$.

假如又存在 $y_1 \in L^q[a,b]$, 使得

$$f(x) = \int_a^b x(t)y_1(t)\mathrm{d}t, \quad \forall x \in L^p[a,b].$$

若令 $x_1(t) = \mathrm{sgn}[y(t) - y_1(t)]$, $t \in [a,b]$, 则 $x_1 \in L^p[a,b]$. 从而

$$\int_a^b |y(t) - y_1(t)|\mathrm{d}t = \int_a^b x_1(t)[y(t) - y_1(t)]\mathrm{d}t = 0.$$

故 $y(t) = y_1(t)$, a.e., 从而唯一性得证. □

类似地, 我们可以证明如下结论.

推论3.1.1　$(L^1[a,b])^* = L^\infty[a,b]$.

由下面的例 3.1.2, 我们将看到任何有限维赋范线性空间的共轭空间是其本身. 另外, 我们有 $(C[a,b])^* = V_0[a,b]$, 这里 $V_0[a,b]$ 为 $[a,b]$ 上满足 $f(a) = 1$ 且右连续的有界变差函数 f 的全体. 而对于离散的情形, 有 $(l^p)^* = l^q$, $1 \leqslant p < \infty$. 有关这些结论的证明可参阅文献 [8].

对于任意 Banach 空间 X, 其共轭空间 X^* 也是 Banach 空间. 于是, 我们可以继续考虑 X^* 的共轭空间 X^{**}. 称 X^{**} 为 X 的二次共轭. 下面我们来讨论 X 与 X^{**} 之间的联系. 事实上, 对任意 $x_0 \in X$, 且 $x_0 \neq 0$, 定义

$$F(f) = f(x_0), \quad \forall f \in X^*.$$

容易验证 F 是 X^* 上的有界线性泛函, 即 $F \in X^{**}$, 且 $\|F\| \leqslant \|x_0\|$. 另一方面, 由推论 2.2.1, 存在 $f_0 \in X^*$, 使得

$$f_0(x_0) = \|x_0\|, \quad 且\|f_0\| = 1.$$

从而,

$$\|F\| = \sup_{\|f\|\leqslant 1} |f(x_0)| \geqslant |f_0(x_0)| = \|x_0\|.$$

因此, $\|F\| = \|x_0\|$.

若记 F 为 x_0^{**}, 引入映射 $\tau: X \to X^{**}$,

$$\tau(x_0) = x_0^{**}.$$

则 τ 把 X 保范地嵌入 X^{**} 中. 我们称 τ 为典型映射. 在保范同构的意义下, 我们可将 X 看作 X^{**} 的子空间. 一般来讲, $\tau(X) \neq X^{**}$. 如果 $\tau(X) = X^{**}$, 则称 X 是自反空间. 在范函分析的很多应用中, 我们经常把 X 上的问题通过典型映射 τ 转化为 X^{**} 上的问题来考察.

命题3.1.1 对于 Banach 空间 X 中的任何点集 $\{x_\lambda\}_{\lambda\in\Lambda}$, 若对任意 $f \in X^*$, 都存在正常数 K_f, 使得

$$\sup_{\lambda\in\Lambda} |f(x_\lambda)| < K_f, \tag{3.1.5}$$

则

$$\sup_{\lambda\in\Lambda} |x_\lambda| < \infty.$$

证明 对任意 $\lambda \in \Lambda$, 定义

$$F_\lambda(f) = f(x_\lambda), \quad \forall f \in X^*.$$

显然, $F_\lambda \in X^{**}$ 且 $\|F_\lambda\| = \|x_\lambda\|$. 从而由 (3.1.5) 式与一致有界原理可得

$$\sup_{\lambda\in\Lambda} |x_\lambda| = \sup_{\lambda\in\Lambda} |F_\lambda| < \infty. \qquad \square$$

下面给出几个典型的自反空间的例子.

例3.1.2 任何有限维赋范线性空间都是自反的.

证明 假设 $\{e_1, \cdots, e_n\}$ 是 n 维赋范线性空间 X 的一组基, 由推论 2.2.3 知存在 $f_1, \cdots, f_n \in X^*$, 使得

$$f_j(e_k) = \delta_{jk}, \quad j, k = 1, \cdots, n,$$

这里 δ_{jk} 是 Kronecker 常数. 容易验证 $f_1, \cdots, f_n$ 是线性无关的, 且对任意 $x = \sum_{j=1}^n x_j e_j \in X$, 有

$$f_k(x) = \sum_{j=1}^n x_j f_k(e_j) = x_k, \quad k = 1, \cdots, n.$$

从而对任何 $f \in X^*$,

$$f(x) = \sum_{j=1}^n x_j f(e_j) = \sum_{j=1}^n f(e_j) f_j(x) = \left[\sum_{j=1}^n f(e_j) f_j\right](x).$$

即, $f=\sum_{j=1}^{n} f(e_j)f_j$. 从而 $\{f_1,\cdots,f_n\}$ 为 X^* 的一组基. 由此可知 $\dim X^*=n$. 同理可知 $\dim X^{**}=n$. 我们注意到典型映射 τ 将 X 保范嵌入 X^{**} 中, 且它们有相同的维数, 故必有 $\tau(X)=X^{**}$. 即, X 是自反空间. □

例3.1.3　$L^p[a,b]$, $1<p<\infty$, 是自反空间.

证明　由于在保范同构的意义下, $L^p[a,b]$ 为 $(L^p[a,b])^{**}$ 的子空间, 所以我们只需证明: 对任意 $F\in(L^p[a,b])^{**}$, 必存在 $x_0\in L^p[a,b]$, 使得对一切 $f\in(L^p[a,b])^*$, 有

$$F(f)=f(x_0).$$

现对任给的 $y\in L^q[a,b]$, $q=p/(p-1)$, 考察映射 $\varphi:L^q[a,b]\to(L^p[a,b])^*$, $\varphi(y)=f$, 这里

$$f(x)=\int_a^b x(t)y(t)\mathrm{d}t,\quad x\in L^p[a,b].$$

由定理 3.1.1, $\varphi:L^q[a,b]\to(L^p[a,b])^*$ 为保范同构映射. 若令

$$F^*(y)=F(\varphi(y)),$$

这里 $y\in L^q[a,b]$. 显然, $F^*\in(L^q[a,b])^*$. 从而再由定理 3.1.1 知必存在 $x_0\in L^p[a,b]$, 使得对任意 $y\in L^q[a,b]$, 有

$$F^*(y)=\int_a^b y(t)x_0(t)\mathrm{d}t.$$

于是对任意 $f\in(L^p[a,b])^*$, 若令 $y=\varphi^{-1}(f)$, 则 $y\in L^q[a,b]$, 且

$$f(x)=\int_a^b x(t)y(t)\mathrm{d}t,\quad x\in L^p[a,b].$$

从而,

$$F(f)=F(\varphi(y))=F^*(y)=\int_a^b y(t)x_0(t)\mathrm{d}t=f(x_0).$$ □

定理3.1.2　若 Banach 空间 X 为自反空间, 则 X 的任何子空间 M 也是自反的.

证明　由于在保范同构的意义下, 有 $M\subset M^{**}$, 所以我们只需证明对任意 $F\in M^{**}$, 必存在 $x_0\in M$, 使得对一切 $f\in M^*$, 有

$$F(f)=f(x_0).$$

现对任意 $F\in M^{**}$, 定义

$$x_0^{**}(f)=F(f|_M),\quad \forall f\in X^*. \tag{3.1.6}$$

显然, x_0^{**} 是 X^* 上的线性泛函, 且对任意 $f \in X^*$, 有

$$|x_0^{**}(f)| = |F(f|_M)| \leqslant \|F\| \cdot \|f_M\| \leqslant \|F\| \cdot \|f\|.$$

从而, $x_0^{**} \in X^{**}$. 由 X 为自反空间知存在 $x_0 \in X$, 使得

$$x_0^{**}(f) = f(x_0), \quad \forall f \in X^*.$$

特别地, 如果 $f|_M = 0$, 则由 (3.1.6) 式知 $x^{**}(f) = 0$. 从而 $f(x_0) = x^{**}(f) = 0$. 即, 对任意 $f \in X^*$, 只要 $f|_M = 0$, 则 $f(x_0) = 0$. 因此, 由推论 2.2.4 知 $x_0 \in M$. 现对任意 $f \in M^*$, 令 $\tilde{f} \in X^*$ 为 f 的扩张, 则

$$F(f) = F(\tilde{f}|_M) = x_0^{**}(\tilde{f}) = \tilde{f}(x_0) = f(x_0). \qquad \square$$

在第 4 章中, 我们将利用 Riesz 表示定理证明: 任何 Hilbert 空间都是自反的. 事实上, 自反空间是介于 Hilbert 空间与 Banach 空间之间的一类空间, 它具有非常丰富的几何性质.

3.2 共轭算子

定义3.2.1 假设 X 与 Y 均为 Banach 空间, $T \in B(X,Y)$, 定义 T 的 Banach 共轭算子$T^{\times}: Y^* \to X^*$ 如下:

$$(T^{\times} f)(x) = f(Tx), \quad f \in Y^*, \quad x \in X.$$

容易验证: $T^{\times}$ 为有界线性算子.

例3.2.1 假设 $\{e_1, \cdots, e_n\}$ 为 $\mathbb{R}^n$ 的一组标准正交基, T 是 $\mathbb{R}^n$ 上的线性算子, $A = (a_{jk})_{n\times n}$ 为 T 在这组基下的矩阵表示, 即

$$(Te_1, Te_2, \cdots, Te_n) = (e_1, e_2, \cdots, e_n) \begin{bmatrix} a_{11} & a_{12} & \cdots & a_{1n} \\ a_{21} & a_{22} & \cdots & a_{2n} \\ \vdots & \vdots & & \vdots \\ a_{n1} & a_{n2} & \cdots & a_{nn} \end{bmatrix}. \tag{3.2.1}$$

由例 3.1.2 知存在 $\mathbb{R}^n$ 上的有界线性泛函 $\{f_1, \cdots, f_n\}$, 使得

$$f_j(e_k) = \delta_{jk}, \quad j,k = 1, \cdots, n,$$

且 $\{f_1, \cdots, f_n\}$ 是 $(\mathbb{R}^n)^* = \mathbb{R}^n$ 的一组基.

下面计算 T 的 Banach 共轭算子 $T^\times$ 在基 $\{f_1, \cdots, f_n\}$ 下的矩阵.

对于 $x=\sum_{j=1}^n x_j e_j \in \mathbb{R}^n$, 我们有

$$Tx=\sum_{j=1}^n x_j Te_j=\sum_{j=1}^n x_j\left(\sum_{k=1}^n a_{kj}e_k\right).$$

从而, 对 $1 \leqslant i \leqslant n$, 有

$$\begin{aligned}(T^\times f_i)(x)&=f_i(Tx)\\&=\sum_{j=1}^n x_j\left(\sum_{k=1}^n a_{kj}f_i(e_k)\right)\\&=\sum_{j=1}^n x_j\left(\sum_{k=1}^n a_{kj}\delta_{ik}\right)\\&=\sum_{j=1}^n a_{ij}x_j,\end{aligned}$$

且 $f_i(x)=\sum_{j=1}^n x_j f_i(e_j)=x_j$. 于是, 对任意 $x \in X$,

$$(T^\times f_i)(x)=\sum_{j=1}^n a_{ij}f_j(x).$$

即, $T^\times f_i=\sum_{j=1}^n a_{ij}f_j,\ i=1,\cdots,n$. 从而

$$(T^\times f_1, T^\times f_2, \cdots, T^\times f_n)=(f_1, f_2, \cdots, f_n)\begin{bmatrix}a_{11} & a_{21} & \cdots & a_{n1}\\ a_{12} & a_{22} & \cdots & a_{n2}\\ \vdots & \vdots & & \vdots\\ a_{1n} & a_{22} & \cdots & a_{nn}\end{bmatrix}.$$

比较上式与 (3.2.1) 式右端的矩阵, 它们恰好互为转置矩阵.

例3.2.2　假设 $1<p<\infty$, $\dfrac{1}{p}+\dfrac{1}{q}=1$, $K(t,s)$ 是矩形区域 $a \leqslant t, s \leqslant b$ 上的复值可测函数, 并且满足

$$\int_a^b\int_a^b |K(t,s)|^q \mathrm{d}t\mathrm{d}s<\infty,$$

则由 Hölder 不等式容易验证: 以 $K(t,s)$ 为核的积分算子

$$(Tx)(t)=\int_a^b K(t,s)x(s)\mathrm{d}s, \quad \forall x=x(t) \in L^p[a,b]$$

是从 $L^p[a,b]$ 到 $L^q[a,b]$ 的有界线性算子.

由定理 3.1.1 知 $(L^q[a,b])^* = L^p[a,b]$, 从而对任意 $f \in (L^q[a,b])^*$, 存在唯一的 $y = y(t) \in L^p[a,b]$, 使得

$$f(z) = \int_a^b z(t)y(t)\mathrm{d}t, \quad \forall z = z(t) \in L^q[a,b]. \tag{3.2.2}$$

故对任意 $x = x(t) \in L^p[a,b]$, 由 Fubini 定理可知

$$\begin{aligned}(T^\times f)(x) &= f(Tx) \\ &= \int_a^b (Tx)(t)y(t)\mathrm{d}t \\ &= \int_a^b \left(\int_a^b K(t,s)x(s)\mathrm{d}s\right) y(t)\mathrm{d}t \\ &= \int_a^b x(s) \left(\int_a^b K(t,s)y(t)\mathrm{d}t\right) \mathrm{d}s. \end{aligned} \tag{3.2.3}$$

再由定理 3.1.1 知 (3.2.2) 式中 f 与 y 等同, 从而 $T^\times f$ 对应着 $T^\times y \in L^q[a,b]$, 即

$$(T^\times f)(s) = \int_a^b x(s)(T^\times y)(s)\mathrm{d}s, \quad \forall x = x(t) \in L^p[a,b]. \tag{3.2.4}$$

现比较 (3.2.3) 式与 (3.2.4) 式, 由唯一性可得

$$(T^\times y)(s) = \int_a^b K(t,s)y(t)\mathrm{d}t,$$

即

$$(T^\times y)(t) = \int_a^b K(s,t)y(s)\mathrm{d}s, \quad \forall y = y(t) \in L^p[a,b].$$

从而积分算子 $T^\times$ 也是从 $L^p[a,b]$ 到 $L^q[a,b]$ 的有界线性算子. 但 $T^\times$ 的核 $K(s,t)$ 与 T 的核 $K(t,s)$ 相比正好颠倒了 s 和 t 的位置.

下面我们具体讨论一下 Banach 共轭算子 $T^\times$ 的相关性质.

定理3.2.1 假设 X 与 Y 均为 Banach 空间, $T, S \in B(X,Y)$, 则

(1) $(T+S)^\times = T\times + S^\times$;

(2) $(\alpha T)^\times = \alpha T^\times$, $\forall \alpha \in \mathbb{C}$;

(3) $\|T^\times\| = \|T\|$.

证明 结论 (1) 和 (2) 由定义显然成立. 对于结论 (3), 由 3.1 节自反空间部

分引入典型映射的讨论知 $\|Tx\| = \sup_{\|f\|\leqslant 1} |f(Tx)|$, 从而

$$\begin{aligned}\|T\| &= \sup_{\|x\|\leqslant 1} |Tx| \\ &= \sup_{\|x\|\leqslant 1} \sup_{\|f\|\leqslant 1} |f(Tx)| \\ &= \sup_{\|f\|\leqslant 1} \sup_{\|x\|\leqslant 1} |(T^{\times} f)(x)| \\ &= \sup_{\|f\|\leqslant 1} \|T^{\times} f\| \\ &= \|T^{\times}\|.\end{aligned}$$

□

定理3.2.2　假设 X 为 Banach 空间, $T, S \in B(X)$, 则

(1) $(TS)^{\times} = S^{\times} T^{\times}$;

(2) 若 T 有界可逆, 则 $T^{\times}$ 也有界可逆, 且

$$(T^{\times})^{-1} = (T^{-1})^{\times}.$$

证明　对于结论 (1), 对任给的 $x \in X$, $f \in X^*$, 有

$$((TS)^{\times} f)(x) = f((TS)(x)) = (T^{\times} f)(Sx) = (S^{\times} T^{\times} f)(x).$$

故 $(TS)^{\times} = S^{\times} T^{\times}$.

对于结论 (2), 由 $(I^{\times} f)(x) = f(Ix) = f(x) = (If)(x)$ 知 $I^{\times} = I$. 从而由结论 (1) 可知

$$\begin{aligned}I = I^{\times} = (T^{-1}T)^{\times} = T^{\times}(T^{-1})^{\times}, \\ I = I^{\times} = (TT^{-1})^{\times} = (T^{-1})^{\times} T^{\times}.\end{aligned}$$

于是, 结论 (2) 成立. □

更一般地, 我们有如下结论.

定理3.2.3　假设 X, Y, Z 为 Banach 空间, $T \in B(Y, Z)$, $S \in B(X, Y)$, 则

(1) $(TS)^* = S^* T^*$;

(2) $(I_X)^* = I_{X^*}$, 这里 I_X 与 I_{X^*} 分别表示 X 与 X^* 中的恒等算子.

定理3.2.4　假设 X, Y 均为 Banach 空间, $T \in B(X, Y)$, 则对任意 $x \in X$, 有

$$T^{**}(\tau(x)) = \tau_1(Tx),$$

这里 $\tau : X \to X^{**}$ 与 $\tau_1 : Y \to Y^{**}$ 均为典型映射, 从而 $\|T^{**}\| = \|T\|$.

证明 首先, 容易验证 $T^{**} \in B(X^{**}, Y^{**})$. 其次, 根据典型映射的定义, 对任意 $x \in X$, 有

$$\tau(x)f = f(x), \quad \forall f \in X^*;$$

对任意 $y \in Y$, 有

$$\tau_1(y)g = g(y), \quad \forall g \in Y^*.$$

于是对任意 $g \in Y^*$, 我们有

$$T^{**}(\tau(x))g = \tau(x)(T^*g) = (T^*g)(x) = g(Tx) = \tau_1(Tx)g.$$

从而

$$T^{**}(\tau(x)) = \tau_1(Tx), \quad \forall x \in X. \qquad \square$$

3.3 弱收敛与弱 * 收敛

众所周知, 经典数学分析的许多基本理论都是基于 $\mathbb{R}^n$ 中的有界闭集是自列紧集. 但是 1.5 节中的 Riesz 引理告诉我们: 任何无穷维赋范线性空间的单位球都不可能是列紧的. 因此, 若按范数拓扑, 只考虑具有紧性的集合很难满足我们的需要, 下面即将引入的弱收敛的概念恰好弥补了这一不足.

定义3.3.1 假设 X 为 Banach 空间, $\{x_n\}_{n=1}^\infty \subset X$, $x_0 \in X$, 若对任意 $f \in X^*$, 有

$$\lim_{n\to\infty} f(x_n) = f(x_0),$$

则称 $\{x_n\}_{n=1}^\infty$ 弱收敛到 x_0, 记为 $x_n \xrightarrow{w} x_0$.

显然, 如果 $x_n \to x_0$, 则必有 $x_n \xrightarrow{w} x_0$. 但反之不成立. 下面我们给出弱收敛序列的一个等价刻画.

定理3.3.1 假设 X 是 Banach 空间, $\{x_n\}_{n=1}^\infty \subset X$, $x_0 \in X$, 则 $x_n \xrightarrow{w} x_0$ 当且仅当

(1) $\{\|x_n\|\}_{n=1}^\infty$ 有界;

(2) 存在 X^* 中一个稠密子集 M^*, 使得对任意 $f \in M^*$, 有

$$\lim_{n\to\infty} f(x_n) = f(x_0).$$

证明 先证必要性. 由于 $x_n \xrightarrow{w} x_0$, 则结论 (2) 显然成立. 另外, 由于收敛序列必有界, 从而对任意 $f \in X^*$, 必存在常数 $K_f > 0$, 使得

$$\sup_{1\leqslant n\leqslant\infty} |f(x_n)| \leqslant K_f.$$

由命题 3.1.1 可知

$$\sup_{1 \leqslant n \leqslant \infty} \|x_n\| < \infty.$$

即, 结论 (1) 成立.

至于充分性, 由条件 (1), 存在常数 $K > 0$, 使得 $\|x_n\| \leqslant K$, $n = 0, 1, 2, \cdots$. 由于 M^* 在 X^* 中稠密, 则对任意 $f \in X^*$, 以及任意 $\varepsilon > 0$, 存在 $f_\varepsilon \in M^*$, 使得

$$\|f - f_\varepsilon\| < \varepsilon.$$

从而有

$$\begin{aligned}|f(x_n) - f(x_0)| &\leqslant |f(x_n) - f_\varepsilon(x_n)| + |f_\varepsilon(x_n) - f_\varepsilon(x_0)| + |f_\varepsilon(x_0) - f(x_0)| \\ &\leqslant \|f - f_\varepsilon\|\|x_n\| + |f_\varepsilon(x_n) - f_\varepsilon(x_0)| + \|f - f_\varepsilon\|\|x_0\| \\ &\leqslant 2K\varepsilon + |f_\varepsilon(x_n) - f_\varepsilon(x_0)|.\end{aligned}$$

由 $f_\varepsilon \in M^*$ 和条件 (2) 知

$$\lim_{n \to \infty} f(x_n) = f(x_0). \qquad \square$$

定义3.3.2　假设 X 为 Banach 空间, 点集 $A \subset X$, 若 A 中任何序列都有弱收敛的子列, 则称 A 为弱列紧的.

事实上, 著名数学家 Hilbert 早在 20 世纪初就已经看到序列弱收敛这个重要的概念了, 并且他证明了可分的 Hilbert 空间的单位球是弱列紧的. 更一般地, 我们有下面的结论.

定理3.3.2　自反空间 X 的单位球是弱列紧的.

证明　假设 $\{y_n\}_{n=1}^{\infty}$ 为 X 的单位球中的任一序列, 并令 Y 是由 $\{y_n\}_{n=1}^{\infty}$ 张成的子空间, 则 Y 是可分的. 由于 X 为自反空间, 根据定理 3.1.2, Y 也是自反的. 由于典型映射 $\tau : Y \to Y^{**}$ 为等距同构, 从而 $Y^{**} = \tau(Y)$ 是可分的. 由定理 3.1.1 知 Y^* 也是可分的. 现假设 $\{y_k^*\}_{k=1}^{\infty}$ 为 Y^* 的一稠密子集, 则对每个固定的 k, $\{y_k^*(y_n)\}_{n=1}^{\infty}$ 为有界数列. 现在考察有界数列 $\{y_k^*(y_n)\}_{k,n=1}^{\infty}$, 利用对角线方法, 可抽出 $\{y_n\}_{n=1}^{\infty}$ 的子列 $\{y_{n_j}\}_{j=1}^{\infty}$, 使得对任意正整数 k, $\{y_k^*(y_{n_j})\}_{j=1}^{\infty}$ 为收敛数列. 现取 $x_j = y_{n_j}$, $j = 1, 2, \cdots$, 于是得到 $\{y_n\}_{n=1}^{\infty}$ 的一个子列 $\{x_j\}_{j=1}^{\infty}$, 且对每个 $k = 1, 2, \cdots$, $\lim\limits_{j \to \infty} y_k^*(x_j)$ 存在且有限.

现考察典型映射 $\tau : Y \to Y^{**}$, $\tau(x_j) = x_j^{**}$:

$$x_j^{**}(y^*) = y^*(x_j), \quad \forall y^* \in Y^*.$$

由上面的讨论知 $\lim_{j \to \infty} x_j^{**}(y_k^*)$ 存在. 另一方面, 由 $\{y_k^*\}_{k=1}^{\infty}$ 在 Y^* 中稠密, 且

$$\|x_j^{**}\| = \|x_j\| \leqslant 1, \quad j = 1, 2, \cdots,$$

于是对每个 $y^* \in Y'$, 有 $\lim_{j\to\infty} x_j^{**}(y^*)$ 存在. 现定义

$$y_0^{**}(y^*) = \lim_{j\to\infty} x_j^{**}(y^*), \quad \forall y^* \in Y^*.$$

容易验证 $y_0^{**} \in Y^{**}$. 由于 Y 为自反空间, 则存在 $y_0 \in Y$, 使得

$$y_0^{**}(y^*) = y^*(y_0), \quad \forall y^* \in Y^*.$$

从而

$$\lim_{j\to\infty} y^*(x_j) = y^*(y_0), \quad \forall y^* \in Y^*.$$

现对任意 $x^* \in X^*$, 有 $x^*|_Y \in Y^*$, 且

$$x^*(y) = x^*|_Y(y), \quad \forall y \in Y.$$

于是, 由 $\{x_j\}_{j=1}^\infty \subset Y$, $y_0 \in Y$ 可知对任意 $x^* \in X^*$, 有

$$\lim_{j\to\infty} x^*(x_j) = \lim_{j\to\infty} x^*|_Y(x_j) = x^*|_Y(y_0) = x^*(y_0).$$

即, $x_j \xrightarrow{w} y_0$. □

与弱收敛类似, 我们引入下列弱 * 收敛的概念.

定义3.3.3 假设 X 为 Banach 空间, $\{f_n\}_{n=1}^\infty \subset X^*$, $f_0 \in X^*$, 如果对任意 $x \in X$, 都有

$$\lim_{n\to\infty} f_n(x) = f_0(x),$$

则称序列 $\{f_n\}_{n=1}^\infty$ 弱 * 收敛到 f_0, 记为 $f_n \xrightarrow{w^*} f_0$.

定义3.3.4 假设 X 为 Banach 空间, 点集 $A \subset X^*$, 如果 A 中任何序列都有弱 * 收敛的子列, 则称 A 为弱 * 列紧的.

与定理 3.3.1 类似, 容易证明下列弱 * 收敛序列的一个等价刻画.

定理3.3.3 假设 X 是 Banach 空间, $\{f_n\}_{n=1}^\infty \subset X^*$, $f_0 \in X^*$, 则 $f_n \xrightarrow{w^*} f_0$ 当且仅当

(1) $\{\|f_n\|\}_{n=1}^\infty$ 有界;

(2) 存在 X 中一个稠密子集 M, 使得对任意 $x \in M$, 有

$$\lim_{n\to\infty} f_n(x) = f_0(x).$$

定理3.3.4 假设 X 为可分的 Banach 空间, 则 X^* 的单位球是弱 * 列紧的.

证明　由于 X 可分, 则 X 存在可数的稠密子集, 记为 $\{x_m\}_{m=1}^{\infty}$. 现令 $\{f_n\}_{n=1}^{\infty}$ 为 X^* 的单位球中的任一序列, 则对每个固定的 m, $\{f_n(x_m)\}_{n=1}^{\infty}$ 为有界数列. 现在考察有界数列 $\{f_n(x_m)\}_n^{\infty}(m=1,2,\cdots)$, 利用对角线方法, 可以抽出 $\{f_n\}_{n=1}^{\infty}$ 的子序列 $\{f_{n_k}\}_{k=1}^{\infty}$, 使得对任意正整数 m, $\{f_{n_k}(x_m)\}_{k=1}^{\infty}$ 为收敛数列. 由定理 3.3.3 知 $\{\|f_{n_k}\|\}_{k=1}^{\infty}$ 有界. 再由 $\{x_m\}_{m=1}^{\infty}$ 在 X 中稠密可知对任何 $x\in X$, 数列 $\{f_{n_k}(x)\}_{k=1}^{\infty}$ 都收敛. 现对任意 $x\in X$, 定义

$$f(x)=\lim_{k\to\infty}f_{n_k}(x).$$

容易验证 $f\in X^*$. 即, $f_n \xrightarrow{w^*} f$. □

更一般地, 若引入弱拓扑和弱 * 拓扑的概念, 我们还可以证明下面著名的 Alaoglu 定理.

定理3.3.5(Alaoglu 定理)　假设 X 为 Banach 空间, 则 X^* 的闭单位球是弱 * 紧的.

由于该定理的证明需要利用网收敛的概念, 已超出本书的范围, 有兴趣的读者可参阅文献 [5].

最后, 我们讨论一类非常特殊的有界线性算子.

定义3.3.5　假设 X 为 Banach 空间, $T\in B(X)$, 若 T 映 X 中的任意有界集为列紧集, 则称 T 为紧算子.

例3.3.1　假设 X 为 Banach 空间, 对于 $T\in B(X)$, 若 $\dim R(T)<\infty$, 则 T 必为紧算子.

定理3.3.6　假设 T 为 Banach 空间 X 上的紧算子, $\{x_n\}_{n=1}^{\infty}\subset X$, $x_0\in X$, 若 $x_n\xrightarrow{w}x_0$, 则 $Tx_n\to Tx_0$.

证明　假若不然, 则存在 $\varepsilon_0>0$ 以及 $\{x_n\}_{n=1}^{\infty}$ 的子序列 $\{x_{n_j}\}_{j=1}^{\infty}$, 使得

$$\|Tx_{n_j}-Tx_0\|>\varepsilon_0,\quad j=1,2,\cdots. \tag{3.3.1}$$

由定理 3.3.1 知 $\{x_{n_j}\}_{j=1}^{\infty}$ 必为有界序列. 再由 T 为紧算子, 则 $\{Tx_{n_j}\}_{j=1}^{\infty}$ 有收敛的子序列. 不妨设

$$Tx_{n_j}\to y_0\quad (j\to\infty).$$

于是, 对任意 $f\in X^*$, 有

$$\lim_{j\to\infty}f(Tx_{n_j})=f(y_0).$$

另一方面, 由于 $x_n\xrightarrow{w}x_0$, 则对任意 $f\in X^*$, 有

$$\lim_{j\to\infty}f(Tx_{n_j})=\lim_{j\to\infty}T^{\times}f(x_{n_j})=T^{\times}f(x_0)=f(Tx_0),$$

这里 $T^\times$ 为 T 的 Banach 共轭算子. 从而, 对任意 $f \in X^*$, 有

$$f(y_0) = f(Tx_0).$$

由 Hahn-Banach 定理的推论 (推论 2.2.1) 知必有 $y_0 = Tx_0$. 这与 (3.3.1) 式矛盾. □

在有些文献中将弱收敛序列映成收敛序列的算子定义为全连续算子. 定理 3.3.6 说明紧算子一定是全连续算子. 但是反之不一定成立. 事实上, 若 Banach 空间 X 是自反的, 则 T 为紧算子当且仅当 T 为全连续算子. 紧算子是一类相对比较简单的有界线性算子, 应用中许多重要的积分算子都属于这一类算子. 关于紧算子的进一步讨论和结论可参阅 [1, 8] 等文献.

3.4 算子的谱理论

在很多方程的求解过程中, 比如线性代数方程组、微分方程、积分方程等, 我们时常要考虑算子逆的一些性质以及与原算子的关系. 算子谱的概念即是为了探讨这类问题而提出来的. 例如, 大家常见的 Sturm-Liouville 问题的边值问题、Fredholm 积分方程相关理论都与谱理论息息相关. 同时, 算子谱也对理解算子本身具有重要意义. 本节将对线性算子的一般谱理论做简要的介绍. 在没有事先申明的情况下, 我们假定所涉及的空间都是非平凡复赋范线性空间, 即 $X \neq \{0\}$.

我们首先讨论有限维向量空间上线性算子的谱理论. 这类情况的谱理论实际上是矩阵特征值理论. 因此, 相对于无穷维空间, 该情形要简单得多. 尽管如此, 它在许多实际问题和工程中仍具有非常重要的意义. 直到如今, 仍然有大量的研究者在探索这一领域.

假设 X 是有限维赋范线性空间, $T : X \to X$ 是线性算子. 事实上, T 有相应的矩阵表示. 我们也将看到这种情况下算子 T 的谱理论本质上是矩阵特征值理论. 对于 $n \times n$ 方阵 $A = (a_{jk})$, 特征值和特征向量根据如下方程所定义:

$$Ax = \lambda x. \tag{3.4.1}$$

具体地, 我们有如下定义.

定义3.4.1 方阵 $A = (a_{jk})$ 的特征值是使得方程 (3.4.1) 有非零解 x 的数 λ. 非零解 x 被称为相应于该 λ 的特征向量. 某一特征值 λ 的所有特征向量连同 0 向量, 构成 X 的一个子空间, 我们称该子空间为相应于 λ 的特征子空间. A 的所有特征值所构成的集合, 记作 $\sigma(A)$, 称为 A 的谱. 它在复平面上的补集, 记为 $\rho(A) = \mathbb{C} - \sigma(A)$, 称为 A 的预解集.

例如, 矩阵

$$\begin{bmatrix} 5 & 4 \\ 1 & 2 \end{bmatrix}$$

有特征值 $\lambda_1 = 6, \lambda_2 = 1$, 相应的特征向量为

$$x_1 = \begin{bmatrix} 4 \\ 1 \end{bmatrix} \quad \text{和} \quad x_2 = \begin{bmatrix} 1 \\ -1 \end{bmatrix}.$$

我们自然要问, 怎么得到这些结果的呢? 或者更一般地, 矩阵的特征值在什么情况下是存在的呢? 为此, 我们将方程 (3.4.1) 改写为

$$(A - \lambda I)x = 0, \tag{3.4.2}$$

其中 I 是 n 阶单位矩阵. 为了 (3.4.2) 有非零解, 必须 $\det(A - \lambda I) = 0$, 即有如下 A 的特征方程

$$\det(A - \lambda I) = \begin{vmatrix} a_{11} - \lambda & a_{12} & \cdots & a_{1n} \\ a_{21} & a_{22} - \lambda & \cdots & a_{2n} \\ \vdots & \vdots & & \vdots \\ a_{n1} & a_{n2} & \cdots & a_{nn} - \lambda \end{vmatrix} = 0. \tag{3.4.3}$$

$\det(A - \lambda I)$ 称为 A 的特征行列式. 行列式展开后, 我们得到一个 λ 的 n 阶多项式, 称为 A 的特征多项式. 方程 (3.4.3) 称为 A 的特征方程.

定理3.4.1　一个 n 阶方阵 $A = (a_{jk})$ 的特征值由它的特征方程 (3.4.3) 确定. 因此, A 至少有一个特征值 (至多有 n 个不同特征值).

现在, 如何将这一方法应用到 n 维赋范线性空间 X 上的线性算子 $T: X \to X$ 呢? 假设 $e = \{e_1, \cdots, e_n\}$ 是 X 的任意一组基, $T_e = (a_{jk})$ 是 T 关于基 e 的矩阵表示. 则矩阵 T_e 的特征值称为算子 T 的特征值. 对于谱、预解集也做类似的定义. 当然这一定义需要如下定理保证它的合理性, 即在不同基下, 算子的矩阵表示不应该有不同的特征值.

定理3.4.2　有限维赋范线性空间 X 上的线性算子 $T: X \to X$ 在不同的基下的矩阵表示有相同的特征值.

当所考虑的空间是一般的赋范线性空间, 而不局限于有限维情形时, 谱理论较为复杂. 现在, 我们假设 X 为任一赋范线性空间, $T: X \to X$ 为线性算子, 其定义域记为 $D(T)$. 记

$$T_\lambda = T - \lambda I, \tag{3.4.4}$$

其中 $\lambda \in \mathbb{C}$, I 为 $D(T)$ 上的恒等算子. 如果 T_λ 有逆, 记为 $R_\lambda(T)$, 我们称

$$R_\lambda(T) = T_\lambda^{-1} = (T - \lambda I)^{-1} \tag{3.4.5}$$

为 T 的预解算子. 显然, $R_\lambda(T)$ 为线性算子.

注3.4.1 "预解"的名字表明算子 $R_\lambda(T)$ 帮助求解方程 $T_\lambda x = y$. 当然, 它只是提供方程的求解方案, 即仅仅当 $R_\lambda(T)$ 存在时, 我们才有解 $x = T_\lambda^{-1}y = R_\lambda(T)y$. 即方程的解依赖于参数 λ 为何值.

考察算子 $R_\lambda(T)$ 的性质将有助于理解算子 T 本身. 自然地, 算子 T_λ, $R_\lambda(T)$ 的很多性质依赖于参数 λ. 因此谱理论主要涉及这些性质. 例如我们将关注复平面上使得 $R_\lambda(T)$ 存在的 λ 的集合、使得 $R_\lambda(T)$ 有界的集合以及 $R_\lambda(T)$ 的定义域在 X 中稠密的集合等.

为了探讨算子 T, T_λ, R_λ 的性质, 我们需要下面谱理论中的基本概念.

定义3.4.2 假设 X 为赋范线性空间, $T : X \to X$ 为线性算子, 其定义域记为 $D(T)$. T 的正则值 λ 为满足下列条件的复数:

(R1) $R_\lambda(T)$ 存在;

(R2) $R_\lambda(T)$ 有解;

(R3) $R_\lambda(T)$ 定义在 X 的一个稠子集上, 即 $R_\lambda(T)$ 的定义域在 X 中稠密.

T 的预解集 $\rho(T)$ 是所有 T 的正则值 λ 的集合. 它在复平面上的余集 $\sigma(T) = \mathbb{C} - \rho(T)$ 称为 T 的谱, $\lambda \in \sigma(T)$ 称为 T 的谱值. 进而谱 $\sigma(T)$ 被分为三个不相交的集合.

点谱或离散谱 点谱是使得 $R_\lambda(T)$ 不存在的点 λ 的集合, 记作 $\sigma_p(T)$. 一个点 $\lambda \in \sigma_p(T)$ 称为 T 的特征值.

连续谱 记作 $\sigma_c(T)$, 连续谱是使得 $R_\lambda(T)$ 存在, 且满足 (R3), 但不满足 (R2) 的 λ 的集合, 即 $R_\lambda(T)$ 是无界的.

剩余谱 剩余谱是使得 $R_\lambda(T)$ 存在 (可能是有界, 也可能是无界的), 但不满足 (R3), 即 $R_\lambda(T)$ 的定义域不在 X 中稠密, 记为 $\sigma_r(T)$.

注意, 在上述定义中, 无论哪种情况都有空集的可能性, 这牵涉到存在性问题. 例如, 我们将会看到对于有限维情形, $\sigma_c(T) = \sigma_r(T) = \varnothing$, 也就是说, 有限维空间上的线性算子仅仅有点谱 (特征值), 没有连续谱和剩余谱. 下表给出了正则集和谱集满足的条件:

满足			不满足			λ 属于
(R1)	(R2)	(R3)				$\rho(T)$
			(R1)			$\sigma_p(T)$
(R1)		(R3)		(R2)		$\sigma_c(T)$
(R1)					(R3)	$\sigma_r(T)$

为了更好地理解这些概念, 我们将逐步探讨这四个集合的相关性质. 显然, 上表中四个集合是不相交的, 且它们的并是整个复平面:

$$\begin{aligned}\mathbb{C} &= \rho(T) \cup \sigma(T) \\ &= \rho(T) \cup \sigma_p(T) \cup \sigma_c(T) \cup \sigma_r(T).\end{aligned}$$

前面我们已经提到: 如果 $R_\lambda(T)$ 存在, 则它是线性的. 同时我们看到, $R_\lambda(T) : R(T_\lambda) \to D(T_\lambda)$ 存在当且仅当 $T_\lambda x = 0$ 只有零解. 因此, 如果 $T_\lambda x = (T - \lambda I)x = 0$ 有非零解 x, 则 $\lambda \in \sigma_p(T)$, 即 λ 是 T 的特征值. 相应地, 该向量 x 称为 T 的相应于特征值 λ 的特征向量. 由相应于特征值 λ 的特征向量以及 0 所构成的子空间称为相应于特征值 λ 的特征空间.

容易验证: 有限维空间上的线性算子仅有点谱, 即连续谱和剩余谱都是空集. 因此, 每个谱值都是特征值.

Hilbert 空间 $\mathbb{H}$ 上的线性自伴算子的谱分布也具有一定的特殊性 (自伴算子的定义将在第 4 章介绍). 事实上, 若 $T : \mathbb{H} \to \mathbb{H}$ 为线性自伴算子, $\sigma_r(T) = \varnothing$(参见文献 [1, 8]).

下面举例说明无穷维赋范线性空间上的线性算子有非特征值的谱.

例3.4.1　假设 $X = l^2$, 定义线性算子 $T : l^2 \to l^2$ 如下:

$$\{\xi_1, \xi_2, \cdots\} \to \{0, \xi_1, \xi_2, \cdots\}, \tag{3.4.6}$$

其中 $x = \{\xi_j\} \in l^2$. 该算子被称为右迁移算子. 由

$$\|Tx\|^2 = \sum_{j=1}^{\infty} |\xi_j|^2 = \|x\|^2$$

可知 T 为有界线性算子且 $\|T\| = 1$.

不难验证: 算子 $R_0(T) = T^{-1} : T(X) \to X$ 存在. 事实上, 它恰好是左迁移算子 $T^{-1}(\{\xi_1, \xi_2, \cdots\}) \to \{\xi_2, \xi_3, \cdots\}$. 但 $R_0(T)$ 不满足 (R3), 这是因为 (3.4.6) 式表明 $T(X)$ 不是 X 的稠密子集. 实际上 $T(X)$ 是由 $\{y = \{\eta_j\} \in \mathbb{H} : \eta_1 = 0\}$ 所构成的子空间. 因此, 根据定义, $\lambda = 0$ 是 T 的谱值, 但不是特征值. 当然, 这也可以直接从 $Tx = 0$ 只有零解, 但 0 不是特征向量得到.

对于 $T \in B(X)$, X 为 Banach 空间, 如果对某一 λ, 预解算子 $R_\lambda(T)$ 存在, 且定义在整个空间 X 上, 则由开映射定理, 我们知道对于该 λ, 预解算子是有界的.

引理3.4.1(R_λ 的定义域)　假设 X 为 Banach 空间, $T : X \to X$ 为线性算子, 且 $\lambda \in \rho(T)$. 若下面两个条件之一成立:

(1) T 是闭的;

(2) T 是有界的,
则 $R_\lambda(T)$ 定义在整个空间 X 上且为有界算子.

证明 若条件 (1) 成立, 因 T 为闭算子，根据闭算子定理可知 T_λ 也是闭的. 从而 $R_\lambda(T)$ 是闭的. 由定义 3.4.2 知 $R_\lambda(T)$ 有界. 因此 $D(R_\lambda(T))$ 是闭的. 再由定义 3.4.2 知 $D(R_\lambda(T)) = \overline{D(R_\lambda(T))} = X$.

若条件 (2) 成立, 由于 $D(T) = X$ 是闭的可得 T 是闭的, 从而根据 (1) 的证明得到结论.

现在, 我们自然要问: 对于一个给定的有界线性算子, 它的一般性质都有哪些? 在学习中, 我们将看到这些性质依赖于算子所定义的空间的类型. 本节我们将分析有界线性算子的谱性质.

定理3.4.3 (逆) 假设 $T \in B(X)$, 其中 X 为 Banach 空间, 如果 $\|T\| < 1$, 则 $(I-T)^{-1}$ 存在, 且为整个空间 X 上的有界线性算子, 并有

$$(I-T)^{-1} = \sum_{j=0}^{\infty} T^j = I + T + T^2 + \cdots. \tag{3.4.7}$$

上述级数按 $B(X)$ 上的范数收敛.

证明 首先, 由 $\|T\| < 1$ 知几何级数 $\sum \|T\|^j$ 收敛. 其次, 根据 $\|T^j\| \leqslant \|T\|^j$ 立得 (3.4.7) 式中的级数对于 $\|T\| < 1$ 绝对收敛. 从而该级数按 $B(X)$ 上的范数收敛. 现记 $S = \sum_{j=0}^{\infty} T^j$, 往证 $S = (I-T)^{-1}$. 为此, 计算

$$\begin{aligned} &(I-T)(I+T+\cdots+T^n) \\ =&(I+T+\cdots+T^n)(I-T) \\ =&I - T^{n+1}. \end{aligned} \tag{3.4.8}$$

令 $n \to \infty$, 则由 $\|T\| < 1$ 知 $T^{n+1} \to 0$. 从而有

$$(I-T)S = S(I-T) = I. \tag{3.4.9}$$

即 $S = (I-T)^{-1}$. □

自然地, 人们关心谱集是不是空集. 我们将在随后的讨论中看到 $\sigma(T) \neq \varnothing$. 为此, 我们先证明 $\sigma(T)$ 是闭集.

定理3.4.4 (闭谱) 任意 Banach 空间 X 上的有界线性算子 T 的预解集 $\rho(T)$ 是开集. 因此, 谱集 $\sigma(T) = \mathbb{C} \setminus \rho(T)$ 是闭集.

证明 若 $\rho(T) = \varnothing$, 则它显然是开集 (事实上, 后面我们将看到 $\rho(T) \neq \varnothing$). 下设 $\rho(T) \neq \varnothing$. 对于固定的 $\lambda_0 \in \rho(T)$ 和任意 $\lambda \in \mathbb{C}$, 有

$$\begin{aligned} T - \lambda I &= T - \lambda_0 I - (\lambda - \lambda_0) I \\ &= (T - \lambda_0 I)[I - (\lambda - \lambda_0)(T - \lambda_0 I)^{-1}]. \end{aligned}$$

记 $V = I - (\lambda - \lambda_0)(T - \lambda_0 I)^{-1}$, 则

$$T_\lambda = T_{\lambda_0} V. \tag{3.4.10}$$

因为 $\lambda_0 \in \rho(T)$ 且 T 有界, 根据引理 3.4.1 知 $R_{\lambda_0} = T_{\lambda_0}^{-1} \in B(X)$. 而定理 3.4.3 表明对所有满足 $\|(\lambda - \lambda_0)R_{\lambda_0}\| < 1$ 的 λ, V 在 $B(X)$ 中有逆元

$$V^{-1} = \sum_{j=0}^{\infty} [(\lambda - \lambda_0)R_{\lambda_0}]^j = \sum_{j=0}^{\infty} (\lambda - \lambda_0)^j R_{\lambda_0}^j. \tag{3.4.11}$$

条件 $\|(\lambda - \lambda_0)R_{\lambda_0}\| < 1$ 也可改写为

$$|\lambda - \lambda_0| < \frac{1}{\|R_{\lambda_0}\|}. \tag{3.4.12}$$

因为 $T_{\lambda_0}^{-1} = R_{\lambda_0} \in B(X, X)$, (3.4.11) 式连同 (3.4.10) 式表明对任何满足 (3.4.12) 式的 λ, 算子 T_λ 有逆元

$$R_\lambda = T_\lambda^{-1} = (T_{\lambda_0} V)^{-1} = V^{-1} R_{\lambda_0}. \tag{3.4.13}$$

因此 (3.4.12) 式表示 λ_0 的一个邻域由 T 的正则值 λ 所构成. 由 λ_0 的任意性知 $\rho(T)$ 是开集, 从而它的补集 $\sigma(T) = \mathbb{C} \setminus \rho(T)$ 是闭集. □

在上述定理的证明过程中, 我们得到了预解算子的幂级数表示, 这一点对我们讨论谱理论有很大帮助. 由 (3.4.11)—(3.4.13) 式立即可得如下结论.

定理3.4.5(预解算子表示定理)　假设空间 X 和算子 T 与定理 3.4.4 相同, 对每个 $\lambda_0 \in \rho(T)$, 预解算子 $R_\lambda(T)$ 有如下表示:

$$R_\lambda = \sum_{j=0}^{\infty} (\lambda - \lambda_0)^j R_{\lambda_0}^{j+1}, \tag{3.4.14}$$

上述级数对任意落在下列圆盘内部的 λ 绝对收敛:

$$|\lambda - \lambda_0| < \frac{1}{\|R_{\lambda_0}\|},$$

且该圆盘是 $\rho(T)$ 的子集.

下面将证明 Banach 空间上的有界线性算子的谱是复平面上的有界集.

定理3.4.6(谱定理)　假设 X 为 Banach 空间, 有界线性算子 $T: X \to X$ 的谱 $\sigma(T)$ 是紧集, 且落在圆盘

$$|\lambda| \leqslant \|T\| \tag{3.4.15}$$

的内部. 因此 T 的预解集 $\rho(T)$ 非空.

证明 假设 $\lambda \neq 0$, 并令 $\kappa = 1/\lambda$. 根据定理 3.4.3, 我们有如下表示:

$$R_\lambda = (T-\lambda I)^{-1} = -\frac{1}{\lambda}(I-\kappa T)^{-1} = -\frac{1}{\lambda}\sum_{j=0}^{\infty}(\kappa T)^j = -\frac{1}{\lambda}\sum_{j=0}^{\infty}\left(\frac{1}{\lambda}T\right)^j. \tag{3.4.16}$$

上述级数对于所有满足

$$\left\|\frac{1}{\lambda}T\right\| = \frac{\|T\|}{|\lambda|} < 1, \quad 即\ |\lambda| > \|T\|$$

的 λ 收敛. 定理 3.4.3 也表明任何这样的 λ 都是 T 的正则值. 因此谱集 $\sigma(T) = \mathbb{C}\setminus\rho(T)$ 落在圆盘 (3.4.15) 的内部, 即 $\sigma(T)$ 有界. 再由定理 3.4.4 知 $\sigma(T)$ 是闭的. 从而, $\sigma(T)$ 是紧集. □

上述定理证明了 Banach 空间上的有界线性算子的谱集是有界的, 那么自然的问题就是: 包含所有谱的最小圆 (圆心在原点) 的半径有多大? 为此, 我们引入谱半径的概念.

定义3.4.3(谱半径) Banach 空间 X 上的有界线性算子 $T: X\to X$ 的谱半径 $r_\sigma(T)$ 是圆心在原点, 包含 $\sigma(T)$ 的最小闭圆盘的半径

$$r_\sigma(T) = \sup_{\lambda\in\sigma(T)}|\lambda|.$$

显然, 由 (3.4.15) 式可知有界线性算子 T 的谱半径满足

$$r_\sigma(T) \leqslant \|T\|. \tag{3.4.17}$$

后面我们即将看到

$$r_\sigma(T) = \lim_{n\to\infty}\sqrt[n]{\|T^n\|}. \tag{3.4.18}$$

我们先讨论一些预解集和谱的性质.

定理3.4.7(预解方程和可交换性) 假设 X 是 Banach 空间, $T\in B(X)$, $\lambda,\mu\in\rho(T)$, 则

(1) T 的预解算子 R_λ 满足 Hilbert 关系或预解方程

$$R_\mu - R_\lambda = (\mu-\lambda)R_\mu R_\lambda, \quad \lambda,\mu\in\rho(T); \tag{3.4.19}$$

(2) R_λ 与任何能与 T 交换的算子 $S\in B(X)$ 可交换;

(3)
$$R_\lambda R_\mu = R_\mu R_\lambda. \tag{3.4.20}$$

证明　(1) 由前面定理知 T_λ 的值域是 X. 因此, $I = T_\lambda R_\lambda$, 其中 I 是 X 上的恒等算子. 另外 $I = R_\mu T_\mu$. 从而

$$\begin{aligned}R_\mu - R_\lambda &= R_\mu(T_\lambda R_\lambda) - (R_\mu T_\mu)R_\lambda \\ &= R_\mu(T_\lambda - T_\mu)R_\lambda \\ &= R_\mu[T - \lambda I - (T - \mu I)]R_\lambda \\ &= (\mu - \lambda)R_\mu R_\lambda.\end{aligned}$$

(2) 由假设知 $ST = TS$, 于是 $ST_\lambda = T_\lambda S$. 由 $I = T_\lambda R_\lambda = R_\lambda T_\lambda$ 可得

$$R_\lambda S = R_\lambda S T_\lambda R_\lambda = R_\lambda T_\lambda S R_\lambda = S R_\lambda.$$

(3) 根据 (2) 知 R_μ 可与 T 交换. 因此 R_λ 与 R_μ 可交换. □

下面我们将阐述谱映照定理. 为此, 我们先以矩阵的特征值理论为例. 对于方阵 A 的特征值 λ, 显然有

$$A^2x = A\lambda x = \lambda Ax = \lambda^2 x.$$

类似地, 对于任意正整数 m, 有

$$A^m x = \lambda^m x.$$

即若 λ 是 A 的特征值, 则 λ^m 是 A^m 的特征值. 更为一般地,

$$p(\lambda) = \alpha_n\lambda^n + \alpha_{n-1}\lambda^{n-1} + \cdots + \alpha_0$$

是矩阵

$$p(A) = \alpha_n A^n + \alpha_{n-1}A^{n-1} + \cdots + \alpha_0 I$$

的一个特征值. 事实上, 这一性质可以推广到任意 Banach 空间.

定理3.4.8(谱映照定理)　假设 X 为 Banach 空间, $T \in B(X)$ 且

$$p(\lambda) = \alpha_n\lambda^n + \alpha_{n-1}\lambda^{n-1} + \cdots + \alpha_0 \quad (\alpha_n \neq 0),$$

则

$$\sigma(p(T)) = p(\sigma(T)), \tag{3.4.21}$$

这里, $p(\sigma(T)) = \{\mu \in \mathbb{C} : \mu = p(\lambda), \lambda \in \sigma(T)\}$. 这也就是说, 算子

$$p(T) = \alpha_n T^n + \alpha_{n-1}T^{n-1} + \cdots + \alpha_0 I$$

的谱 $\sigma(p(T))$ 正好由多项式 p 在 T 的谱 $\sigma(T)$ 上的值所构成.

证明 我们假定 $\sigma(T)\neq\varnothing$(关于这一点, 将在以后的学习中详细阐述). $n=0$ 的情况是平凡的, 事实上, $p(\sigma(T))=\{\alpha_0\}=\sigma(p(T))$. 下面假定 $n>0$. 我们将分为两部分来证明最后的结论: 即证

$$\sigma(p(T))\subset p(\sigma(T)) \tag{3.4.22}$$

和

$$p(\sigma(T))\subset \sigma(p(T)). \tag{3.4.23}$$

现记 $S=p(T)$,

$$S_\mu=p(T)-\mu I,\quad \mu\in\mathbb{C}.$$

如果 S_μ^{-1} 存在, 则它即是 $p(T)$ 的预解算子. 现在固定 μ. 因为 X 是复空间, 则多项式 $s_\mu(\lambda)=p(\lambda)-\mu$ 有如下分解:

$$s_\mu(\lambda)=p(\lambda)-\mu=\alpha_n(\lambda-\gamma_1)(\lambda-\gamma_2)\cdots(\lambda-\gamma_n), \tag{3.4.24}$$

其中 $\gamma_1,\cdots,\gamma_n$ 是 s_μ 的零点. 相应地,

$$S_\mu=p(T)-\mu I=\alpha_n(T-\gamma_1 I)(T-\gamma_2 I)\cdots(T-\gamma_n I).$$

若每个 γ_i 都属于 $\rho(T)$, 则每个 $T-\gamma_i I$ 有有界逆, 且逆算子定义在整个空间 X 上, 这也适用于 S_μ. 事实上,

$$S_\mu^{-1}=\frac{1}{\alpha_n}(T-\gamma_n I)^{-1}\cdots(T-\gamma_1 I)^{-1}.$$

此时 $\mu\in\rho(p(T))$. 由此可得

$$\mu\in\sigma(p(T))\to\gamma_j\in\sigma(T)\ 对某一\ j.$$

根据 (3.4.24) 式, 有

$$s_\mu(\gamma_j)=p(\gamma_j)-\mu=0.$$

因此

$$\mu=p(\gamma_j)\in p(\sigma(T)).$$

由 $\mu\in\sigma(p(T))$ 的任意性可得

$$\sigma(p(T))\subset p(\sigma(T)).$$

另一方面, 要证

$$p(\sigma(T)) \subset \sigma(p(T)),$$

即要证明

$$\kappa \in p(\sigma(T)) \Rightarrow \kappa \in \sigma(p(T)). \tag{3.4.25}$$

现假设 $\kappa \in p(\sigma(T))$, 根据定义, 存在 $\beta \in \sigma(T)$, 使得

$$\kappa = p(\beta).$$

有两种可能:

(A) $T - \beta I$ 没有逆;

(B) $T - \beta I$ 有逆.

对于情形 (A): $p(\beta) - \kappa = 0$ 表明 β 是如下多项式的零点

$$s_\kappa(\lambda) = p(\lambda) - \kappa.$$

于是, 我们可以将 $s_\kappa(\lambda)$ 写为下列形式

$$s_\kappa(\lambda) = p(\lambda) - \kappa I = (\lambda - \beta)g(\lambda),$$

其中 $g(\lambda)$ 表示 α_n 与另外 $n-1$ 个线性因子的乘积. 相应地,

$$S_\kappa = p(T) - \kappa I = (T - \beta I)g(T). \tag{3.4.26}$$

因为 $g(T)$ 的因子都能与 $T - \beta I$ 可交换, 于是

$$S_\kappa = g(T)(T - \beta I). \tag{3.4.27}$$

如果 S_κ 有逆, (3.4.26) 式和 (3.4.27) 式表明

$$I = (T - \beta I)g(T)S_\kappa^{-1} = S_\kappa^{-1}g(T)(T - \beta I).$$

因此 $T - \beta I$ 有逆, 这与假设相矛盾. 因此对于给定的 κ, $p(T)$ 的预解算子 S_κ^{-1} 不存在, 即 $\kappa \in \sigma(p(T))$. 因为 $\kappa \in p(\sigma(T))$ 是任意的, 这就完成了对于 $T - \beta I$ 没有逆的情况下 (3.4.25) 式的证明.

对于情形 (B): 类似于情形 (A), 我们假定对某一 $\beta \in \sigma(T)$, $\kappa = p(\beta)$. 然而 $(T - \beta I)^{-1}$ 存在, 因此必定有

$$\mathcal{R}(T - \beta I) \neq X. \tag{3.4.28}$$

否则, 根据有界逆定理 $(T-\beta I)^{-1}$ 是有界算子, 从而 $\beta\in\rho(T)$. 这与 $\beta\in\sigma(T)$ 矛盾. 由 (3.4.26) 式和 (3.4.28) 式可知

$$\mathcal{R}(S_\kappa)\neq X.$$

这蕴含 $\kappa\in\sigma(p(T))$. 于是当 $T-\beta I$ 有逆的情形下, (3.4.25) 式也成立. 从而完成了定理的证明. □

类似于矩阵特征向量, 我们也可以得到如下结论.

定理3.4.9　假设 T 是向量空间 X 上的线性算子, 则相应于不同特征值的特征向量必线性无关.

习　题　3

1. 假设 X 为 Banach 空间, $x\in X$, 若对任意 $f\in X^*$, 都有 $f(x)=0$, 则 $x=0$.

2. 假设 M 为 Banach 空间 X 的子空间, $x\in X$, 证明: $x\in M$ 当且仅当对任意 $f\in X^*$, 只要 $f|_M=0$, 必有 $f(x)=0$.

3. 假设 X 为 Banach 空间, 则对任意 $x\in X$,

$$\|x\|=\sup\{|f(x)|:f\in X^*,\|f\|\leqslant 1\}.$$

4. 假设 X,Y 均为 Banach 空间, $T_n\in B(X,Y)$, 且对任意 $x\in X$ 及 $g\in Y^*$, 都有 $\{g(T_nx)\}$ 有界, 证明: $\{\|T_n\|\}$ 有界.

5. 假设 X 为 Banach 空间, $T\in B(X)$, 如果 $R(T^\times)=X^*$, 则 T 是有界可逆的.

6. 假设 X,Y 均为 Banach 空间, $T\in B(X,Y)$, 且 T 和 $T^\times$ 都是满射, 证明: T 为等距算子当且仅当 $T^\times$ 为等距算子.

7. 证明: $(L^1[a,b])^*=L^\infty[a,b]$.

8. 证明: Banach 空间 X 是自反的当且仅当 X^* 是自反的.

9. 在 $L^2[-\pi,\pi]$ 中定义泛函序列如下:

$$f_n(x)=\int_{-\pi}^{\pi}x(t)\mathrm{e}^{\mathrm{i}nt}\mathrm{d}t,\quad \forall x\in L^2[-\pi,\pi].$$

证明: $f_n\xrightarrow{w^*}0$.

10. 试证明: 任何有限维赋范线性空间中的弱收敛等价于按范数收敛.

11. 试证明 l^1 中序列弱收敛与按范数收敛等价.

12. 令 $1<p<\infty$, 试在 $L^p[a,b]$ 中构造一个弱收敛序列, 但该序列按范数不收敛.

13. 令 $\{x_n\}_{n=1}^\infty\subset C[0,1]$, $x\in C[0,1]$. 证明: 若 $x_n\xrightarrow{w}x$, 则对任意 $t\in[0,1]$, 有 $\lim_{n\to\infty}x_n(t)=x(t)$.

14. 令 X 和 Y 均为 Banach 空间, $T\in B(X,Y)$, 若 $x_n\xrightarrow{w}x_0$, 则 $Tx_n\xrightarrow{w}Tx_0$.

15. 令 M 为赋范线性空间 X 的子空间, 若 $\{x_n\}_{n=1}^\infty\subset M$ 且 $x_n\xrightarrow{w}x_0$, 则 $x_0\in M$.

16. 假设 X 为 Banach 空间, $\{f_n\}_{n=1}^{\infty} \subset X^*$, $f_0 \in X^*$, 则 $f_n \xrightarrow{w^*} f_0$ 当且仅当

(1) $\{\|f_n\|\}_{n=1}^{\infty}$ 有界;

(2) 存在 X 中一个稠密子集 M, 使得

$$\lim_{n\to\infty} f_n(x) = f_0(x), \quad \forall x \in M.$$

17. 令 $\{a_n\}_{n=1}^{\infty} \subset \mathbb{C}$ 且 $\lim_{n\to\infty} a_n = 0$. 定义 l^2 中的算子如下:

$$T(\{\xi_n\}) = \{a_n \xi_n\}.$$

(1) 证明: T 为紧算子;

(2) 计算 T^*.

18. 假设 Banach 空间 X 是自反的, $T \in B(X)$, 如果当 $x_n \xrightarrow{w} x_0$ 时必有 $Tx_n \to Tx_0$, 则 T 为紧算子.

19. 假设 X 为 Banach 空间, 找出 X 上的恒等算子 I 的特征值、特征空间、$\sigma(I)$ 和 $R_\lambda(I)$.

20. 证明: 对于给定的线性算子 T, 集合 $\rho(T), \sigma_p(T), \sigma_c(T)$ 以及 $\sigma_r(T)$ 相互不交, 且它们的并是整个复平面.

21. 假设 X 是赋范线性空间, 子空间 Y 称为在线性算子 $T: X \to X$ 下的不变子空间, 如果 $T(Y) \subset Y$. 证明: T 的特征空间在 T 下是不变的. 试举例说明之.

22. 如果 Y 是 n 维赋范线性空间 X 的在线性算子 T 下的不变子空间, 那么相应于算子 T 关于某组基 $\{e_1, e_2, \cdots, e_n\}$ 下的表示 T_e, $Y = \mathrm{span}\{e_1, e_2, \cdots, e_m\}$ 说明什么?

23. 设 $\{e_k\}$ 是可分 Hilbert 空间 $\mathbb{H}$ 的正规正交集, $T: \mathbb{H} \to \mathbb{H}$ 有如下定义:

$$Te_k = e_{k+1}, \quad k = 1, 2, \cdots.$$

然后我们将 T 线性连续延拓到整个空间 $\mathbb{H}$. 找它的不变子空间, 并证明 T 没有特征值.

24. 谱的各个部分在算子延拓下的变化都有实际意义. 例如: 如果 T 是有界线性算子, T_1 是 T 的线性延拓, 证明:

(1) $\sigma_p(T_1) \supset \sigma_p(T)$, 且对任意 $\lambda \in \sigma_p(T)$, T 的特征空间包含在 T_1 的特征空间中.

(2) $\sigma_r(T_1) \subset \sigma_r(T)$.

(3) $\sigma_c(T) \subset \sigma_r(T_1) \cup \sigma_p(T_1)$.

并思考如何分别在使用和不使用 (i), (iii) 的情况下得到 $\rho(T_1) \subset \rho(T) \cup \sigma_r(T)$.

25. 假设 $X = C[0,1]$, 定义 $T: X \to X$, $Tx = v_0 x$, 其中 v_0 为 X 中某个固定的函数. 求 $\sigma(T)$.

26. 试构造一个线性算子 $T: C[0,1] \to C[0,1]$, 使得它的谱是一个给定的区间 $[a,b]$.

27. 如果 Y 是算子 T 相应于特征值 λ 的特征空间, 那么 $T|_Y$ 的谱是什么?

28. 设 $T: l^2 \to l^2$ 由如下定义:

$$y = Tx, \quad x = \{\xi_j\}, \quad y = \{\eta_j\}, \quad \eta_j = \alpha_j \xi_j,$$

其中 $\{\alpha_j\}$ 在 $[0,1]$ 中稠密. 求 $\sigma_p(T), \sigma(T)$. 如果 $\lambda \in \sigma(T) - \sigma_p(T)$, 试证明 $R_\lambda(T)$ 无界.

29. 拓展上一问题: 构造一个线性算子 $T: l^2 \to l^2$, 使它的特征值在 $\mathbb{C}$ 的一个给定的紧子集 M 上是稠密的, 且 $\sigma(T) = M$.

30. 假设 $T \in B(X)$, 证明: 当 $\lambda \to \infty$ 时, $\|R_\lambda(T)\| \to 0$.

31. 假设 $T: l^\infty \to l^\infty$ 定义如下:

$$Tx = \{\xi_2, \xi_3, \cdots\}, \quad x = \{\xi_1, \xi_2, \cdots\}.$$

(1) 如果 $|\lambda| > 1$, 证明 $\lambda \in \rho(T)$.

(2) 如果 $|\lambda| \leqslant 1$, 证明 λ 是一个特征值, 并给出特征空间.

32. 假设 $T: l^p \to l^p$, $1 \leqslant p < +\infty$, 定义如下:

$$Tx = \{\xi_2, \xi_3, \cdots\}, \quad x = \{\xi_1, \xi_2, \cdots\}.$$

如果 $|\lambda| = 1$, 那么 λ 是 T 的特征值吗?

第 4 章　Hilbert 空间上的有界线性算子

4.1　投影定理与 Riesz 表示定理

Hilbert 空间与一般的 Banach 空间不一样, 前者是性质最接近于 n 维欧几里得空间的一类空间, 也是几何性质最丰富的一类空间, 其中最主要的理由就是 Hilbert 空间有本节即将讨论的投影定理. 为此, 我们先给出下列定义.

定义4.1.1　假设 M 是 Hilbert 空间 $\mathbb{H}$ 的线性流形, M 的正交补定义为

$$M^{\perp}=\{y\in\mathbb{H}:(y,x)=0,\ \forall x\in M\}.$$

由内积的线性与连续性易证 $M^{\perp}$ 是 $\mathbb{H}$ 的子空间并且 $M\cap M^{\perp}=\{0\}$.

定理4.1.1(投影定理)　假设 M 是 Hilbert 空间 $\mathbb{H}$ 的子空间, 则任意 $x\in\mathbb{H}$ 都可以唯一地表成

$$x=y+z,\quad y\in M,\quad z\in M^{\perp}.$$

我们称这个由 x 与 M 所唯一确定的 y 为 x 在 M 上的正交投影.

证明　由于 M 是 $\mathbb{H}$ 的子空间, 则易知 M 也是一个 Hilbert 空间. 由定理 1.6.6 知 M 有一个正规正交基, 记为 $\{y_\alpha\}_{\alpha\in\mathscr{A}}$. 再由定理 1.6.8 的证明可知, 对于任意 $x\in\mathbb{H}$, 至多有可数多个 $(x,y_\alpha)\neq 0$, 记为 $\{(x,y_{\alpha_j})\}_{j=1}^{\infty}$. 则对任意 $\alpha\in\mathscr{A}$ 且 $\alpha\neq\alpha_j, j=1,2,\cdots$, 有 $(x,y_\alpha)=0$.

现令

$$y=\sum_{j=1}^{\infty}(x,y_{\alpha_j})y_{\alpha_j}.$$

则由 Bessel 不等式可知 $\sum_{j=1}^{\infty}|(x,y_{\alpha_j})|^2\leqslant\|x\|^2$, 从而上式右端级数收敛. 再由 M 是 $\mathbb{H}$ 中的闭集, 则 $y\in M$.

令 $z=x-y$, 下证 $z\in M^{\perp}$, 从而可得

$$x=y+z,\quad y\in M,\quad z\in M^{\perp}.$$

事实上, 对于任意 $\alpha \in \mathscr{A}$, 若 $\alpha = \alpha_k$, 则

$$\begin{aligned}(z, y_{\alpha_k}) &= (x, y_{\alpha_k}) - (y, y_{\alpha_k}) \\ &= (x, y_{\alpha_k}) - \left(\sum_{j=1}^{\infty}(x, y_{\alpha_j})y_{\alpha_j}, y_{\alpha_k}\right) \\ &= (x, y_{\alpha_k}) - \sum_{j=1}^{\infty}(x, y_{\alpha_j})(y_{\alpha_j}, y_{\alpha_k}) \\ &= (x, y_{\alpha_k}) - (x, y_{\alpha_k}) \\ &= 0.\end{aligned}$$

若 $\alpha \neq \alpha_k$, 则

$$\begin{aligned}(z, y_{\alpha}) &= (x, y_{\alpha}) - (y, y_{\alpha}) \\ &= -\left(\sum_{j=1}^{\infty}(x, y_{\alpha_j})y_{\alpha_j}, y_{\alpha}\right) \\ &= -\sum_{j=1}^{\infty}(x, y_{\alpha_j})(y_{\alpha_j}, y_{\alpha}) \\ &= 0.\end{aligned}$$

总之, 对任意 $\alpha \in \mathscr{A}$, 有

$$(z, y_{\alpha}) = 0.$$

从而 $z \in M^{\perp}$.

最后, 唯一性可由 $M \cap M^{\perp} = \{0\}$ 得知. □

投影定理可以看作 Schmidt 正规正交法的推广, 因为此时子空间 M 可能是无穷维的. 事实上, 假设 M 是 Hilbert 空间 $\mathbb{H}$ 的一个子空间, 对于任意 $x \notin M$, 则由投影定理知存在 $y \in M$ 和 $z \in M^{\perp}$, 使得

$$x = y + z.$$

显然 $z \neq 0$ 且 z 是新的一个与 M 中所有元素正交的元素.

命题4.1.1 假设 M 是 $\mathbb{H}$ 的线性流形, 则 $\bar{M} = (M^{\perp})^{\perp}$.

证明 首先, 由正交补的定义易知 $M \subset (M^{\perp})^{\perp}$. 又由于 $(M^{\perp})^{\perp}$ 为闭集立得 $\bar{M} \subset (M^{\perp})^{\perp}$.

其次, 令 $x \in (M^{\perp})^{\perp}$, 由于 $\bar{M}$ 为 $\mathbb{H}$ 的子空间, 则由投影定理知存在 $y \in \bar{M}$ 和 $z \in (\bar{M})^{\perp}$, 使得

$$x = y + z. \tag{4.1.1}$$

最后, 由正交补的定义不难验证 $(\bar{M})^{\perp} = M^{\perp}$. 从而 $z \in M^{\perp}$. 于是, 用 z 与 (4.1.1) 式两边作内积可得

$$0 = (x, z) = (y, z) + (z, z) = (z, z).$$

从而 $z = 0$. 由 (4.1.1) 式知 $x = y \in \bar{M}$. 故 $(M^{\perp})^{\perp} \subset \bar{M}$. □

由 Hahn-Banach 定理知: 任何赋范线性空间上都存在非零的连续线性泛函. 而 Hilbert 空间是非常特殊的一类赋范线性空间, 故任何 Hilbert 空间 $\mathbb{H}$ 上都存在非零的连续线性泛函. 例如, 考虑例 1.1.9 和例 1.6.1 中定义的平方可积函数空间 $L^2[a,b]$, 容易验证它是一个 Hilbert 空间. 现对任意 $x \in L^2[a,b]$, 定义

$$f(x) = \int_a^b x(t)\mathrm{d}t.$$

不难验证 f 是 $L^2[a,b]$ 上的线性泛函, 且

$$\begin{aligned} |f(x)| &= \left| \int_a^b x(t)\mathrm{d}t \right| \\ &\leqslant \left(\int_a^b 1^2 \mathrm{d}t \right)^{\frac{1}{2}} \left(\int_a^b |x(t)|^2 \mathrm{d}t \right)^{\frac{1}{2}} \\ &= (b-a)^{\frac{1}{2}} \|x\|. \end{aligned}$$

即, f 是 $L^2[a,b]$ 上的连续线性泛函.

现令 $\mathbb{H}^*$ 为 Hilbert 空间 $\mathbb{H}$ 上全体连续线性泛函按逐点定义的加法与数乘形成的线性空间, 并对任意 $f \in \mathbb{H}^*$, 定义

$$\|f\|_{\mathbb{H}^*} = \sup_{\|x\| \leqslant 1} |f(x)|.$$

容易验证, $\|\cdot\|_{\mathbb{H}^*}$ 为一范数, 并且按照这个范数, $\mathbb{H}^*$ 是 Banach 空间. 我们称该 Banach 空间 $\mathbb{H}^*$ 为 $\mathbb{H}$ 的共轭空间, 或者对偶空间. 在进一步研究 $\mathbb{H}^*$ 的性质之前, 我们需要下列著名的 Riesz 表示定理.

定理4.1.2(Riesz 表示定理)　假设 $f \in \mathbb{H}^*$, 则存在唯一的 $z_f \in \mathbb{H}$, 使得对任意 $x \in \mathbb{H}$, 有

$$f(x) = (x, z_f), \tag{4.1.2}$$

并且

$$\|f\|_{\mathbb{H}^*} = \|z_f\|.$$

证明 令 $M=\{x\in\mathbb{H}:f(x)=0\}$, 则易证 M 是 $\mathbb{H}$ 的一个子空间.

若 $M=H$, 取 $z_f=0$ 可得

$$f(x)=0=(x,z_f),\quad \forall x\in H.$$

即, 定理结论成立.

若 $M\neq H$, 则存在 $x_0\in H\backslash M$ 且 $x_0\neq 0$. 由投影定理知存在 $y_0\in M$ 和 $z_0\in M^{\perp}$, 使得

$$x_0=y_0+z_0.$$

显然, $z_0\neq 0$, 且 $f(z_0)\neq 0$.

现对任意 $x\in\mathbb{H}$, 取 $\alpha=\dfrac{f(x)}{f(z_0)}$, 则

$$f(x)=\alpha f(z_0)=f(\alpha z_0). \tag{4.1.3}$$

从而 $f(x-\alpha z_0)=0$, 即 $x-\alpha z_0\in M$.

现考虑 x 与 z_0 的内积:

$$(x,z_0)=((x-\alpha z_0)+\alpha z_0,z_0)=(\alpha z_0,z_0)=\alpha\|z_0\|^2.$$

由此可得 $\alpha=\dfrac{(x,z_0)}{\|z_0\|^2}=\left(x,\dfrac{z_0}{\|z_0\|^2}\right)$. 从而由 (4.1.3) 式知对任意 $x\in\mathbb{H}$, 有

$$f(x)=\alpha f(z_0)=\left(x,\frac{z_0}{\|z_0\|^2}\right)f(z_0)=\left(x,\frac{\overline{f(z_0)}}{\|z_0\|^2}z_0\right).$$

于是, 取 $z_f=\dfrac{\overline{f(z_0)}}{\|z_0\|^2}z_0$ 即得存在性结论.

至于唯一性, 若又存在 $z_f'\in\mathbb{H}$, 使得对任意 $x\in\mathbb{H}$, 有

$$f(x)=(x,z_f'),$$

则对任意 $x\in\mathbb{H}$, 有

$$(x,z_f)=(x,z_f'),$$

即

$$(x,z_f-z_f')=0.$$

由此必有 $z_f=z_f'$. 从而唯一性得证.

最后, 由 (4.1.2) 式得

$$
\begin{aligned}
\|f\|_{\mathbb{H}^*} &= \sup_{\|x\|\leqslant 1} |f(x)| \\
&= \sup_{\|x\|\leqslant 1} |(x, z_f)| \\
&\leqslant \sup_{\|x\|\leqslant 1} \|x\|\|z_f\| \\
&= \|z_f\|,
\end{aligned}
$$

且

$$
\begin{aligned}
\|f\|_{\mathbb{H}^*} &= \sup_{\|x\|\leqslant 1} |f(x)| \\
&= \sup_{\|x\|\leqslant 1} |(x, z_f)| \\
&\geqslant \left|\left(\frac{z_f}{\|z_f\|}, z_f\right)\right| \\
&= \|z_f\|.
\end{aligned}
$$

由此可见

$$
\|f\|_{H^*} = \|z_f\|. \qquad \square
$$

现在我们可以进一步讨论共轭空间 $\mathbb{H}^*$ 的性质以及与 Hilbert 空间 $\mathbb{H}$ 的关系了. 首先, 由 Riesz 表示定理, 对任意 $f \in \mathbb{H}^*$, 存在唯一的 $z_f \in \mathbb{H}$ 与之对应, 且

$$
f(x) = (x, z_f), \quad \forall x \in \mathbb{H}. \tag{4.1.4}
$$

另一方面, 对任意 $z \in \mathbb{H}$, 若令

$$
f_z(x) = (x, z), \quad \forall x \in \mathbb{H}, \tag{4.1.5}
$$

则容易验证如此定义的 f_z 是 $\mathbb{H}$ 上的连续线性泛函. 从而, $f_z \in \mathbb{H}^*$.

综上, 若定义映射 $\tau : \mathbb{H}^* \to \mathbb{H}$ 如下:

$$
\tau(f) = z_f, \quad \forall f \in \mathbb{H}^*, \tag{4.1.6}
$$

这里 $z_f \in \mathbb{H}$ 是 Riesz 表示定理中由 f 所唯一确定且满足 (4.1.4) 式的元素, 则 $\tau : \mathbb{H}^* \to \mathbb{H}$ 是一一对应且映上的保范映射. 但是, 我们不能说 $\mathbb{H}$ 与 $\mathbb{H}^*$ 是同构的, 因为映射 τ 不是线性的, 而是共轭线性的. 即对任意 $f, g \in \mathbb{H}^*$ 以及 $\alpha, \beta \in \mathbb{C}$, 有

$$
\tau(\alpha f + \beta g) = \bar{\alpha}\tau(f) + \bar{\beta}\tau(g).
$$

事实上, 对任意 $x \in \mathbb{H}$, 由 (4.1.4) 式与 (4.1.5) 式可得

$$\begin{aligned}(x, \tau(\alpha f+\beta g)) &= (\alpha f+\beta g)(x)\\ &= \alpha f(x)+\beta g(x)\\ &= \alpha(x, \tau(f))+\beta(x, \tau(g))\\ &= (x, \bar{\alpha}\tau(f))+(x, \bar{\beta}\tau(g))\\ &= (x, \bar{\alpha}\tau(f))+\bar{\beta}\tau(g)).\end{aligned}$$

现在, 如果在 $\mathbb{H}^*$ 中定义如下内积:

$$(f, g)=\overline{(z_f, z_g)}, \quad \forall f, g \in \mathbb{H}^*, \tag{4.1.7}$$

则不难验证 $\mathbb{H}^*$ 在此内积下成为 Hilbert 空间. 我们称映射 $\tau: \mathbb{H}^* \to \mathbb{H}$ 为两个 Hilbert 空间之间的保范共轭线性双射, $\mathbb{H}^*$ 与 $\mathbb{H}$ 通常称为共轭同构. 我们以后将不区别共轭同构的 Hilbert 空间, 即 $\mathbb{H}^*=\mathbb{H}$. Hilbert 空间的这种性质称为自共轭性.

最后, 我们利用 Riesz 表示定理证明每个 Hilbert 空间都是自反空间.

定理4.1.3 任何 Hilbert 空间 $\mathbb{H}$ 都是自反空间.

证明 首先, 对任意 $y \in \mathbb{H}$, 定义

$$y^*(x)=(x, y), \quad \forall x \in \mathbb{H}. \tag{4.1.8}$$

显然, $y^* \in \mathbb{H}^*$. 其次, 由 Riesz 表示定理, $\mathbb{H}^*$ 中每个元素都具有 (4.1.8) 式的形式.

最后, 我们只需证明对任意 $\varphi \in \mathbb{H}^{**}$, 存在 $x_\varphi \in \mathbb{H}$, 使得

$$\varphi(y^*)=y^*(x_\varphi), \quad \forall y^* \in \mathbb{H}^*. \tag{4.1.9}$$

由于 $\mathbb{H}^*$ 中每个元素都具有 (4.1.8) 式的形式, 从而 (4.1.9) 式等价于

$$\varphi(y^*)=(x_\varphi, y)=\overline{(y, x_\varphi)}, \quad \forall y \in \mathbb{H}. \tag{4.1.10}$$

我们注意到 $\overline{\varphi(y^*)}=\overline{\varphi((\cdot, y))}$ 是 $\mathbb{H}$ 上关于 y 的有界线性泛函, 则由 Riesz 表示定理, 存在 $x_\varphi \in \mathbb{H}$, 使得

$$\overline{\varphi(y^*)}=\overline{\varphi((\cdot, y))}=(y, x_\varphi), \quad \forall y \in \mathbb{H}.$$

即, (4.1.10) 式成立. 由此可知 $\mathbb{H}$ 为自反空间.

4.2 Hilbert 共轭算子与 Lax-Milgram 定理

Hilbert 空间上有界线性算子的共轭与 Banach 空间略有不同. 由于 Hilbert 空间上有 Riesz 表示定理以及 Hilbert 空间的自共轭性, Hilbert 共轭算子有其更直接更自然的定义方式. 具体来讲, 假设 T 是从 Hilbert 空间 $\mathbb{H}_1$ 到 Hilbert 空间 $\mathbb{H}_2$ 的有界线性算子, 现对任意 $y \in \mathbb{H}_2$, 定义

$$f(x) = (Tx, y), \quad \forall x \in \mathbb{H}_1.$$

由内积的性质及 $|f(x)| \leqslant |(Tx, y)| \leqslant \|Tx\| \cdot \|y\| \leqslant \|T\| \cdot \|x\| \cdot \|y\|$ 知 $f(x)$ 是 $\mathbb{H}_1$ 上的连续线性泛函. 由 Riesz 表示定理知存在唯一的 $y_f \in \mathbb{H}_1$, 使得

$$f(x) = (x, y_f), \quad \forall x \in \mathbb{H}_1.$$

容易验证上述 y_f 由 y 唯一确定. 因此, 我们可以定义

$$T^* y = y_f.$$

不难验证如此定义的 T^* 是从 $\mathbb{H}_2$ 到 $\mathbb{H}_1$ 的有界线性算子. 我们称 T^* 为 T 的共轭算子.

由 T^* 的定义易得

$$(Tx, y) = (x, T^* y), \quad \forall x \in \mathbb{H}_1, \quad y \in \mathbb{H}_2. \tag{4.2.1}$$

上式跟 Banach 空间中有界线性算子的定义是一致的. 在进一步讨论 Hilbert 共轭算子的性质之前, 我们来看一个具体的例子.

例4.2.1 假设 $\{e_1, \cdots, e_n\}$ 是 $\mathbb{R}^n$ 的一组标准正交基, T 是 $\mathbb{R}^n$ 上的线性算子, $A = (a_{ij})_{n \times n}$ 是 T 在 $\{e_1, \cdots, e_n\}$ 上的矩阵表示, 则从基底与矩阵表示的关系可知

$$(Te_1, \cdots, Te_n) = (e_1, \cdots, e_n) \begin{bmatrix} a_{11} & a_{12} & \cdots & a_{1n} \\ a_{21} & a_{22} & \cdots & a_{2n} \\ \vdots & \vdots & & \vdots \\ a_{n1} & a_{n2} & \cdots & a_{nn} \end{bmatrix},$$

即

$$Te_j = \sum_{i=1}^{n} a_{ij} e_i, \quad j = 1, \cdots, n.$$

从而对每个 $k, j = 1, \cdots, n$, 有

$$(T^* e_k, e_j) = (e_k, Te_j) = \left(e_k, \sum_{i=1}^{n} a_{ij} e_i\right) = \bar{a}_{kj}.$$

即, 对任意 $k = 1, \cdots, n$, 有

$$T^* e_k = \sum_{j=1}^{n} \bar{a}_{kj} e_j. \tag{4.2.2}$$

现假设 T^* 在 $\{e_1, \cdots, e_n\}$ 上的矩阵表示为 A^*, 由 (4.2.2) 式知

$$A^* = \begin{bmatrix} \bar{a}_{11} & \bar{a}_{21} & \cdots & \bar{a}_{n1} \\ \bar{a}_{12} & \bar{a}_{22} & \cdots & \bar{a}_{n2} \\ \vdots & \vdots & & \vdots \\ \bar{a}_{1n} & \bar{a}_{2n} & \cdots & \bar{a}_{nn} \end{bmatrix}.$$

比较例 4.2.1 中 Hilbert 共轭算子 T^* 的矩阵元素与例 3.2.1 中讨论的 Banach 共轭算子 $T^\times$ 的矩阵元素, 它们是不一样的, 正好相差一个复共轭. 但是 Hilbert 共轭算子 T^* 与 Banach 共轭算子 $T^\times$ 之间也并非毫无关系, 下面我们将考察两者之间的关系.

假设 $\mathbb{H}_1$ 与 $\mathbb{H}_2$ 为两个 Hilbert 空间, $T \in B(\mathbb{H}_1, \mathbb{H}_2)$, 令

$$f = T^\times g, \tag{4.2.3}$$

这里 $f \in \mathbb{H}_1^*, g \in \mathbb{H}_2^*$, 则对任意 $x \in \mathbb{H}_1$, 有

$$f(x) = T^\times g(x) = g(Tx), \tag{4.2.4}$$

另一方面, 对于 $f \in \mathbb{H}_1^*$, 由 Riesz 表示定理知存在唯一的 $x_f \in \mathbb{H}_1$, 使得

$$f(x) = (x, x_f), \quad \forall x \in \mathbb{H}_1, \tag{4.2.5}$$

且

$$\|x_f\| = \|f\|.$$

若定义算子 $A : \mathbb{H}_1^* \to \mathbb{H}_1$ 如下:

$$Af = x_f, \quad \forall f \in \mathbb{H}_1^*, \tag{4.2.6}$$

类似于 (4.1.6) 式中对映射 τ 的讨论, 容易验证 A 为保范共轭同构映射. 同理, 存在保范共轭同构映射 $B : \mathbb{H}_2^* \to \mathbb{H}_2$, 使得

$$Bg = y_g, \quad \forall g \in \mathbb{H}_2^*, \tag{4.2.7}$$

这里 $y_g \in \mathbb{H}_2$ 满足

$$g(y) = (y, y_g), \quad \forall y \in \mathbb{H}_2, \tag{4.2.8}$$

且

$$\|y_g\| = \|g\|.$$

于是, 由 (4.2.3), (4.2.6) 和 (4.2.7) 三式可得

$$x_f = Af = AT^{\times}g = AT^{\times}B^{-1}y_g. \tag{4.2.9}$$

而对于任意 $x \in \mathbb{H}_1$, 由 (4.2.4), (4.2.5) 和 (4.2.8) 三式可得

$$\begin{aligned}(x, x_f) &= f(x) = g(Tx) = (Tx, y_g)\\ &= (x, T^*y_g).\end{aligned}$$

从而,

$$x_f = T^*y_g. \tag{4.2.10}$$

现比较 (4.2.9) 和 (4.2.10) 两式可得

$$T^* = AT^{\times}B^{-1}. \tag{4.2.11}$$

于是, 我们有如下结论.

定理4.2.1　假设 $\mathbb{H}_1$ 与 $\mathbb{H}_2$ 为两个 Hilbert 空间, $T \in B(\mathbb{H}_1, \mathbb{H}_2)$, T^* 和 $T^{\times}$ 分别是 T 的 Hilbert 共轭算子和 Banach 共轭算子, 则存在保范共轭同构映射 $A : \mathbb{H}_1^* \to \mathbb{H}_1$ 和 $B : \mathbb{H}_2^* \to \mathbb{H}_2$, 使得

$$T^* = AT^{\times}B^{-1}.$$

注4.2.1　以后若不特别说明, 对 Hilbert 空间上的有界线性算子讨论共轭算子时, 通常指的是 Hilbert 共轭算子.

现在, 我们来讨论 Hilbert 共轭算子的性质.

定理4.2.2　假设 $S, T \in B(\mathbb{H})$, 则

(1) $(S + T)^* = S^* + T^*$;

(2) $(ST)^* = T^*S^*$;

(3) $(T^*)^* = T$;

(4) 对任意 $\alpha \in \mathbb{C}$, $(\alpha T)^* = \bar{\alpha}T^*$;

(5) 若 T 有界可逆, 则 T^* 也有界可逆, 且

$$(T^*)^{-1} = (T^{-1})^*;$$

(6) $\|T^*\| = \|T\|$.

证明 结论 (1) 和 (2) 由定义直接验证可得. 对于结论 (3), 任取 $x, y \in \mathbb{H}$, 由 (4.2.1) 式知

$$(x, (T^*)^* y) = (T^* x, y) = \overline{(y, T^* x)} = \overline{(Ty, x)} = (x, Ty).$$

从而, $(T^*)^* = T$.

对于结论 (4), 任取 $x, y \in \mathbb{H}$, 再由 (4.2.1) 式知

$$\begin{aligned}(x, (\alpha T)^* y) &= ((\alpha T)x, y) = \alpha(Tx, y) = \alpha(x, T^* y) = (x, \bar{\alpha}(T^* y)) \\ &= (x, (\bar{\alpha} T^*) y).\end{aligned}$$

从而, $(\alpha T)^* = \bar{\alpha} T^*$.

下证结论 (5). 任取 $x, y \in \mathbb{H}$, 对于 Hilbert 空间上的恒等算子 I, 由

$$(x, I^* y) = (Ix, y) = (x, y) = (x, Iy)$$

知 $I^* = I$. 由 T 有界可逆知 $TT^{-1} = T^{-1}T = I$. 进而由结论 (2) 可得

$$\begin{aligned}T^*(T^{-1})^* &= (T^{-1}T)^* = I^* = I, \\ (T^{-1})^* T^* &= (TT^{-1})^* = I^* = I.\end{aligned}$$

故易知 T^* 也有界可逆, 且 $(T^*)^{-1} = (T^{-1})^*$.

对于结论 (6), 由 $\|Tx\| = \sup_{\|y\| \leqslant 1} |(Tx, y)|$ 即得

$$\begin{aligned}\|T\| &= \sup_{\|x\| \leqslant 1} \|Tx\| \\ &= \sup_{\|x\| \leqslant 1} \sup_{\|y\| \leqslant 1} |(Tx, y)| \\ &= \sup_{\|y\| \leqslant 1} \sup_{\|x\| \leqslant 1} |(x, T^* y)| \\ &= \sup_{\|y\| \leqslant 1} \|T^* y\| \\ &= \|T^*\|.\end{aligned}$$

□

定义4.2.1 假设 $\mathbb{H}$ 为 Hilbert 空间, $T \in B(\mathbb{H})$.

(1) 若对任意 $x \in \mathbb{H}$, 有 $(Tx, x) \geqslant 0$, 则称 T 为正算子, 记为 $T \geqslant 0$;

(2) 若 $T^* = T$, 则称 T 为自伴算子或者自共轭算子;

(3) 若 $T^*T = TT^*$, 则称 T 为正规算子;

(4) 若 $T^*T = TT^* = I$, 则称 T 为酉算子.

容易验证, T 为自伴算子当且仅当对任意 $x \in \mathbb{H}$, (Tx, x) 为实数. 从而正算子一定是自伴算子. 对于 $\mathbb{H}$ 上的两个自伴算子 T_1, T_2, 若 $T_1 - T_2 \geqslant 0$, 则记为 $T_1 \geqslant T_2$. 另外, 自伴算子与酉算子都是正规算子.

例4.2.2　假设 $\mathbb{H}=L^2[a,b]$, $K(s,t)$ 为 $[a,b]\times[a,b]$ 上的平方可积函数, 定义 $\mathbb{H}$ 上的算子 T 如下:

$$(Tf)(s)=\int_a^b K(s,t)f(t)\mathrm{d}t,\quad s\in[a,b],\quad f\in\mathbb{H}.$$

容易验证: T 为自伴算子当且仅当 $K(s,t)=\overline{K(t,s)}$.

例4.2.3　令 $\mathbb{H}=l^2$ 且无穷方阵 (a_{ij}), $i,j=1,2,\cdots$, 满足: 对任意 $x=\{\xi_j\}\in l^2$, $\eta_i=\sum_{j=1}^{\infty}a_{ij}\xi_j$ 对每个 i 都收敛, 且数列 $y=\{\eta_i\}\in l^2$. 现定义算子 $S:x\mapsto y$. 容易验证: S 为 l^2 上的有界线性算子 (我们称 (a_{ij}) 为 S 的矩阵表示), 且 S 为自伴算子当且仅当 $a_{ij}=\overline{a}_{ji}$.

例4.2.4　假设 $\mathbb{H}$ 为 Hilbert 空间, M 为 $\mathbb{H}$ 的子空间, 由投影定理知, 任意 $x\in\mathbb{H}$ 都可以唯一地表示为

$$x=y+z,\quad y\in M,\quad z\in M^{\perp}.$$

现定义算子 $P:\mathbb{H}\to\mathbb{H}$ 为 $Px=y$. 容易验证 P 是 $\mathbb{H}$ 上的有界线性算子, 且当 $x\in M$ 时, $P(x)=x$; 当 $x\in M^{\perp}$ 时, $Px=0$. 我们称算子 P 为 $\mathbb{H}$ 到自身的投影算子. 显然, 对任意 $x\in\mathbb{H}$, 由 P 的定义知 $(Px,x)=(Px,Px)=\|Px\|^2\geqslant 0$. 从而 P 为正算子.

上述几类算子是 Hilbert 空间上满足某些代数方程的特殊算子, 人们对它们的了解要多一些, 如谱的性质等. 关于这几类特殊算子的进一步研究可参阅文献 [1].

由前面的讨论我们知道 Riesz 表示定理是 Hilbert 空间中非常重要的结论, 它指出 Hilbert 空间的共轭空间在共轭同构的意义下就是其本身. 而在一些实际问题中, 我们需要将内积推广到更一般的双线性形式, 即下面定义的共轭双线性泛函和双线性泛函.

定义4.2.2　假设 $\varphi(x,y)$ 是从 $\mathbb{H}\times\mathbb{H}$ 到 $\mathbb{C}$ 的函数, 且对任意 $x,y,z\in\mathbb{H}$ 和 $\alpha,\beta\in\mathbb{C}$ 满足

(1) $\varphi(\alpha x+\beta y,z)=\alpha\varphi(x,z)+\beta\varphi(y,z)$;

(2) $\varphi(x,\alpha y+\beta z)=\bar{\alpha}\varphi(x,y)+\bar{\beta}\varphi(x,z)$;

则称 $\varphi(x,y)$ 为 $\mathbb{H}$ 上的共轭双线性泛函. 若还存在正常数 C, 使得

(3) $|\varphi(x,y)|\leqslant C\|x\|\cdot\|y\|$;

则称 $\varphi(x,y)$ 为 $\mathbb{H}$ 上的有界共轭双线性泛函.

若上述定义中条件 (2) 改为

(2′) $\varphi(x,\alpha y+\beta z)=\alpha\varphi(x,y)+\beta\varphi(x,z)$,

则称 $\varphi(x,y)$ 为 $\mathbb{H}$ 上的双线性泛函. 显然, 内积就是一个最简单的有界共轭双线性泛函.

定理4.2.3 假设 $\varphi(x,y)$ 是 Hilbert 空间 $\mathbb{H}$ 上的有界共轭双线泛函, 则恰有 $\mathbb{H}$ 上的有界线性算子 T, 使得对任意 $x,y\in\mathbb{H}$, 有

$$\varphi(x,y)=(Tx,y).$$

证明 对任意 $x\in\mathbb{H}$, 令

$$f(y)=\overline{\varphi(x,y)},\quad \forall y\in\mathbb{H}.$$

容易验证 f 是 $\mathbb{H}$ 上的连续线性泛函且由 x 唯一确定. 由 Riesz 表示定理, 存在唯一的 $z_f\in\mathbb{H}$, 使得

$$f(y)=(y,z_f),\quad \forall y\in\mathbb{H}.$$

这里 z_f 由 f 所唯一确定, 从而也由 x 唯一确定. 现定义算子 T 如下:

$$Tx=z_f, \tag{4.2.12}$$

则 $\overline{\varphi(x,y)}=(y,Tx)$, 即 $\varphi(x,y)=(Tx,y)$.

显然, 如此定义的算子 T 是线性的. 又由于 $\varphi(x,y)$ 是 $\mathbb{H}$ 上的有界共轭双线泛函, 则存在正常数 C, 使得

$$\|Tx\|=\|z_f\|=\|f\|=\sup_{\|y\|\leqslant 1}\|f(y)\|=\sup_{\|y\|\leqslant 1}|\overline{\varphi(x,y)}|\leqslant C\|x\|\cdot\|y\|.$$

从而算子 T 有界. 故 (4.2.12) 式所定义的算子 T 是 $\mathbb{H}$ 上的有界线性算子. 至于唯一性是显然的. □

最后, 我们将 Riesz 表示定理推广到满足一定控制条件的有界共轭双线泛函的情形, 这就是下面著名的 Lax-Milgram 定理.

定理4.2.4(Lax-Milgram 定理) 假设 $\varphi(f,g)$ 是 Hilbert 空间 $\mathbb{H}$ 上的有界共轭双线性泛函, 且存在正常数 r, 使得对任意 $f\in\mathbb{H}$, 有

$$|\varphi(f,f)|\geqslant r\|f\|^2. \tag{4.2.13}$$

则对于任给的 $\psi\in\mathbb{H}^*$, 存在唯一的 $g_\psi\in\mathbb{H}$, 使得对任意 $f\in\mathbb{H}$, 有

$$\psi(f)=\varphi(f,g_\psi), \tag{4.2.14}$$

且

$$\|g_\psi\|\leqslant\frac{1}{r}\|\psi\|. \tag{4.2.15}$$

证明　由定理 4.2.3 知存在有界线性算子 T, 使得对任意 $f,g\in\mathbb{H}$, 有

$$\varphi(f,g)=(Tf,g)=(f,T^*g).$$

由假设条件 (4.2.13) 知对任意 $f\in\mathbb{H}$, 有

$$r\|f\|^2\leqslant|\varphi(f,f)|=|(f,T^*f)|\leqslant\|f\|\cdot\|T^*f\|,$$

即

$$r\|f\|\leqslant\|T^*f\|. \tag{4.2.16}$$

由此可见 T^* 是单射, 从而 T^* 可逆. 下证 $R(T^*)=\mathbb{H}$, 从而 $(T^*)^{-1}$ 是从 $\mathbb{H}$ 到 $\mathbb{H}$ 的线性算子. 为此, 首先, 证明 $R(T^*)$ 是 $\mathbb{H}$ 的子空间. 由 (4.2.16) 式, 若 $y_n=T^*f_n\to y$, 当 $n\to\infty$, 则

$$r\|f_n-f_m\|\leqslant\|T^*f_n-T^*f_m\|\to 0,\quad m,n\to\infty.$$

于是 $\{f_n\}$ 是 $\mathbb{H}$ 中的 Cauchy 列. 由于 $\mathbb{H}$ 是完备的, 不妨设 $f_n\to f_0\in\mathbb{H}$. 从而

$$y=\lim_{n\to\infty}y_n=\lim_{n\to\infty}T^*f_n=T^*f_0,$$

即 $y\in R(T^*)$. 由此可知 $R(T^*)$ 是 $\mathbb{H}$ 的子空间. 其次, 若 $R(T^*)\neq H$, 由投影定理知必存在非零元 $h\in\mathbb{H}$, 使得 h 与 $R(T^*)$ 中每个元都正交. 然而, 由条件 (4.2.13) 可得

$$r\|h\|^2\leqslant|\varphi(h,h)|=|(h,T^*h)|=0.$$

这必将导致 $h=0$, 矛盾. 故 $R(T^*)=\mathbb{H}$.

现在, 由 Riesz 表示定理, 对任意 $\psi\in\mathbb{H}^*$, 必存在唯一的 $z_\psi\in\mathbb{H}$, 使得对任意 $f\in\mathbb{H}$, 有

$$\psi(f)=(f,z_\psi),$$

且 $\|\psi\|=\|z_\psi\|$. 现取 $g_\psi=(T^*)^{-1}z_\psi$, 则

$$\psi(f)=(f,z_\psi)=(f,T^*g_\psi)=(Tf,g_\psi)=\varphi(f,g_\psi),$$

且由 (4.2.16) 式知

$$\|g_\psi\|\leqslant\frac{1}{r}\|T^*g_\psi\|=\frac{1}{r}\|z_\psi\|=\frac{1}{r}\|\psi\|.$$

最后, g_ψ 的唯一性可由 z_ψ 的唯一性得到. □

推论4.2.1 假设 T 是 Hilbert 空间 $\mathbb{H}$ 上的有界线性算子, 且共轭双线性泛函

$$\varphi(f,g)=(Tf,g),\quad f,g\in\mathbb{H},$$

满足

$$|\varphi(f,f)|\geqslant r\|f\|^2,\quad \forall f\in\mathbb{H},$$

这里 r 为一正常数, 则 T 是有界可逆的.

证明 由定理 4.2.4 的证明知 $R(T^*)=\mathbb{H}$, T^* 是双射且对任意 $f\in\mathbb{H}$, 有

$$\|(T^*)^{-1}f\|\leqslant\frac{1}{r}\|f\|,$$

即 T^* 是有界可逆的. 再由定理 4.2.2 的结论 (3) 和结论 (5) 知 $T=(T^*)^*$ 也是有界可逆的. □

习 题 4

1. 证明投影定理中的唯一性.

2. 假设 M 是 Hilbert 空间 $\mathbb{H}$ 的线性流形, 证明:

(1) $M^{\perp}$ 为 $\mathbb{H}$ 的子空间;

(2) $(\bar{M})^{\perp}=M^{\perp}$;

(3) 若 N 也是 $\mathbb{H}$ 的线性流形且 $M\subset N$, 则 $N^{\perp}\subset M^{\perp}$.

3. 令 $\mathbb{H}$ 为 Hilbert 空间, 则 $\mathbb{H}$ 的共轭空间 $\mathbb{H}^*$ 按如下范数

$$\|f\|_{\mathbb{H}^*}=\sup_{\|x\|\leqslant 1}|f(x)|$$

成为 Banach 空间.

4. 证明 4.2 节刚开始引入的 Hilbert 共轭算子 T^* 为有界线性算子.

5. 证明: $0^*=0$.

6. 如果 $\{T_n\}_{n=1}^{\infty}$ 为 Hilbert 空间 $\mathbb{H}$ 上有界线性算子序列, $T\in B(\mathbb{H})$, 且当 $n\to\infty$ 时, 有 $T_n\to T$, 试证明:

$$\lim_{n\to\infty}T_n^*=T^*.$$

7. 令 $\mathbb{H}_1,\mathbb{H}_2$ 均为 Hilbert 空间, $T:\mathbb{H}_1\to\mathbb{H}_2$ 为有界线性算子. 如果 $M_1\subset\mathbb{H}_1, M_2\subset\mathbb{H}_2$ 满足 $T(M_1)\subset M_2$, 试证明: $T^*(M_2^{\perp})\subset M_1^{\perp}$.

8. 假设 T_1,T_2 为 Hilbert 空间 $\mathbb{H}$ 上的有界线性算子, 若对任意 $x\in\mathbb{H}$, 都有 $\langle T_1x,x\rangle=\langle T_2x,x\rangle$, 则 $T_1=T_2$.

9. 令 $\mathbb{H}$ 为 Hilbert 空间, $S=I+T^*T:\mathbb{H}\to\mathbb{H}$, 其中 T 为有界线性算子, 试证明算子 S 可逆.

10. 证明: Hilbert 空间 $\mathbb{H}$ 上的有界线性算子 $T:\mathbb{H}\to\mathbb{H}$ 有有限维值域当且仅当 T 能表示为

$$Tx=\sum_{j=1}^{n}\langle x,v_j\rangle w_j,\quad v_j,w_j\in\mathbb{H}.$$

11. 设 $\{e_n\}_{n=1}^{\infty}$ 为可分 Hilbert 空间 $\mathbb{H}$ 的标准正交基, 定义右迁移算子如下:

$$\begin{aligned}&T:\mathbb{H}\to\mathbb{H}\\&Te_n=e_{n+1},\quad n=1,2,\cdots.\end{aligned}$$

求算子 T 的值域、范数以及 Hilbert 共轭算子 T^*.

第 5 章　广义函数论简介

函数是经典分析中最基本的概念之一，但随着物理学以及数学自身的发展，在许多问题的理解和处理上，经典函数概念限制太多，需要提出新的概念以满足近代科学技术的发展. 下面举几个典型例子加以说明.

例5.0.1　物理学家在很早以前就开始使用 δ 函数作为点电荷、点光源、瞬时脉冲等物理概念的数学描述. 这里 δ 函数由下列形式的定义给出:

$$\delta(x)=\begin{cases}0, & x\neq 0,\\ \infty, & x=0,\end{cases}$$

$$\int_{-\infty}^{\infty}\delta(x)\mathrm{d}x=1,$$

并且对于相当好的函数 $\varphi(x)$，比如在无穷远处为零的无穷次连续可微函数，有

$$\int_{-\infty}^{\infty}\delta(x)\varphi(x)\mathrm{d}x=\varphi(0).$$

显然，按照经典函数的概念，这样的函数是不可能存在的. 但是，这个 $\delta(x)$ 在实际中却是有意义的，即代表一种理想化的“瞬时”单位脉冲.

例5.0.2　20 世纪初，工程师 Heaviside 在解电路方程时，提出了一套算子演算方法. 这套算法需要对如下的 Heaviside 函数:

$$H(x)=\begin{cases}1, & x\geqslant 0,\\ 0, & x<0\end{cases}$$

求微商，并认为它的微商就是 $\delta(x)$. 但是，按照经典微商的概念，$H(x)$ 在 $x=0$ 点是不可微的.

例5.0.3(广义微商)　在数学本身的发展中，也需要冲破经典分析中对一些基本概念与运算的限制. 20 世纪 30 年代，Sobolev 在研究偏微分方程解的存在唯一性问题时通过分部积分公式，推广了函数可微性的概念，建立了广义微商理论.

例5.0.4(广义 Fourier 变换)　Fourier 变换是现代数学的一个重要工具，但是在经典意义下，像 1, x, $\sin x$ 等最基本的函数，它们的 Fourier 变换是没有定义的. 这就给应用带来了很多麻烦. 因此，我们需要扩充 Fourier 变换的概念，建立更广泛的 Fourier 变换理论.

基于上述原因, 扩充函数概念, 为广义函数寻找坚实的数学基础是当务之急. 20 世纪 40 年代, Schwarz 建立了广义函数的系统理论, 解决了上述例子等一系列的问题. 按照 Schwarz 的理论, 把函数视为某一类性质很好的函数组成的基本空间上的线性泛函是推广函数概念的一种行之有效的方法, 对广义函数的各种要求都体现在基本空间中的函数上.

5.1　基本函数空间 $\mathcal{D}$ 上的广义函数与导数

令 $E \subset \mathbb{R}^n$ 为非空开集. $C(E)$ 表示定义在 E 上全体连续函数所组成的空间. 对于任意 $k \in \mathbb{N}$, 这里 $\mathbb{N}$ 表示全体自然数所构成的集合, 记 $C^k(E)$ 表示全体在 E 内有 k 阶连续偏导数的函数组成的空间. 特别地, 记 $C^0(E) = C(E)$. 另外, 对于任意函数 φ, 定义 φ 在 E 上的支集为 $\text{supp}\varphi \triangleq \overline{\{x \in E : \varphi \neq 0\}}$. 记 $C_0^k(E)$ 表示 $C^k(E)$ 中具有紧支集的所有函数组成的空间, 并记 $C_0^\infty(E) = \bigcap_{k=0}^\infty C_0^k(E)$, 即表示 E 内全体具有紧支集的无穷次连续可微函数所组成的空间. 下面举例说明 $C_0^\infty(E)$ 为非空且非平凡空间.

例5.1.1　在 $\mathbb{R}^n$ 上定义函数

$$\varphi(x) = \begin{cases} c_n \mathrm{e}^{-\frac{1}{1-|x|^2}}, & |x| < 1, \\ 0, & |x| \geqslant 1, \end{cases}$$

这里

$$c_n = \left(\int_{|x| \leqslant 1} \mathrm{e}^{-\frac{1}{1-|x|^2}} \mathrm{d}x \right)^{-1}.$$

则 $\varphi(x) \in C_0^\infty(\mathbb{R}^n)$, 且 $\text{supp}\varphi \subset \{x \in \mathbb{R}^n : |x| \leqslant 1\}$, $\displaystyle\int_{\mathbb{R}^n} \varphi(x)\mathrm{d}x = 1$.

由例 5.1.1 中构造的 $\varphi(x)$ 出发, 我们可以构造更多具有紧支集的无穷次连续可微函数.

例5.1.2　假设 $f(x)$ 为 $E \subset \mathbb{R}^n$ 上任一可积函数, 并且在 E 的一个紧子集 F 外恒为零, 则当正常数 δ 充分小时, 可积函数

$$f_\delta(x) = \int_E f(y)\varphi_\delta(x-y)\mathrm{d}y$$

属于 $C_0^\infty(E)$, 这里 $\varphi_\delta(x) \triangleq \dfrac{1}{\delta^n}\varphi\left(\dfrac{x}{\delta}\right)$.

证明　令 $F_\delta = \{x \in \mathbb{R}^n : \text{dist}(x, F) \leqslant \delta\}$, 其中 $\text{dist}(x, F)$ 表点 x 到集合 F 的距离. 显然, 当 δ 充分小时, 有 $F_\delta \subset E$. 而当 x 不属于 F_δ 时, 对一切 $y \in F$, 均有 $|x-y| > \delta$. 此时, $\varphi_\delta(x-y) = 0$ 且

$$f_\delta(x) = \int_E f(y)\varphi_\delta(x-y)\mathrm{d}y = \int_F f(y)\varphi_\delta(x-y)\mathrm{d}y = 0.$$

从而 $\mathrm{supp} f_\delta \subset F_\delta$.

另一方面, 由微分中值定理可得

$$\begin{aligned}\frac{\partial f_\delta}{\partial x_j} &= \lim_{h\to 0}\int_E \frac{\varphi_\delta(x-y+he_j)-\varphi_\delta(x-y)}{h} f(y)\mathrm{d}y \\ &= \lim_{h\to 0}\int_E \frac{\partial}{\partial x_j}\varphi_\delta(x-y+\theta he_j)f(y)\mathrm{d}y,\end{aligned}$$

其中 $\theta\in(0,1)$, $e_j=(0,\cdots,0,1,0,\cdots,0)$, $j=1,\cdots,n$. 又因为 $\varphi_\delta\in C_0^\infty(\mathbb{R}^n)$, 则存在常数 $K>0$, 使得

$$\left|\frac{\partial}{\partial x_j}\varphi_\delta(x)\right| \leqslant K, \quad \forall x\in\mathbb{R}^n.$$

由 f 在 E 上可积及 Lebesgue 控制收敛定理, 我们有

$$\begin{aligned}\frac{\partial f_\delta}{\partial x_1} &= \lim_{h\to 0}\int_E \frac{\partial}{\partial x_j}\varphi_\delta(x-y+\theta he_j)f(y)\mathrm{d}y \\ &= \int_E \frac{\partial}{\partial x_j}\varphi_\delta(x-y)f(y)\mathrm{d}y.\end{aligned}$$

由于 $\varphi_\delta\in C_0^\infty(\mathbb{R}^n)$, 对任意多重指标 $s=(s_1,\cdots,s_n)$, 重复上述过程, 可得

$$D^s f_\delta(x) = \int_E D^s\varphi_\delta(x-y)f(y)\mathrm{d}y,$$

这里, $D^s=\dfrac{\partial^{|s|}}{\partial_{x_1}^{s_1}\cdots\partial_{x_n}^{s_n}}$, $|s|=s_1+\cdots+s_n$. 于是, 当 δ 充分小时, $f_\delta\in C_0^\infty(E)$. □

下面, 我们在 $C_0^\infty(E)$ 上定义极限的概念.

定义5.1.1 假设 $\{\varphi_k\}_{k=1}^\infty\subset C_0^\infty(E)$, $\varphi\in C_0^\infty(E)$, 如果

(1) 存在一个紧集 $F\subset E$, 使得

$$\mathrm{supp}(\varphi_k)\subset F,\ k=1,2,\cdots, \quad \mathrm{supp}\varphi\subset F.$$

(2) 对于任意多重指标 $s=(s_1,\cdots,s_n)$, 函数列 $\{D^s\varphi_k\}$ 在 F 上一致收敛到 $D^s\varphi$, 即当 $k\to\infty$ 时, 有

$$\max_{x\in F}|D^s\varphi_k(x)-D^s\varphi(x)|\to 0,$$

则称 $\{\varphi_k\}$ 收敛于 φ, 记为 $\varphi_k\to\varphi(\mathcal{D})$. 称 $C_0^\infty(E)$ 按照上述收敛概念以及线性运算为基本空间, 记为 $\mathcal{D}(E)$, 或者 $\mathcal{D}$.

定义5.1.2($\mathcal{D}$ 广义函数) $\mathcal{D}$ 上的按 $\varphi_k\to\varphi(\mathcal{D})$ 为连续的线性泛函 T 称为 $\mathcal{D}$ 广义函数, 记为 $T\in\mathcal{D}'(E)$, 或者 $T\in\mathcal{D}'$.

例5.1.3　Dirac 函数 $\delta_a(x)$ 是 $\mathcal{D}$ 广义函数, 这里

$$\delta_a(\varphi) \triangleq \varphi(a), \quad a \in E \subset \mathbb{R}^n, \quad \forall \varphi \in \mathcal{D}.$$

证明　首先, δ_a 显然是 $\mathcal{D}$ 上的线性泛函. 而当 $\varphi_k \to \varphi(\mathcal{D})$ 时, 我们有 $|\varphi_k(a) - \varphi(a)| \to 0$, $k \to \infty$. 于是,

$$|\delta_a(\varphi_k) - \delta_a(\varphi)| = |\varphi_k(a) - \varphi(a)| \to 0, \quad k \to \infty.$$

即, $\delta_a(x)$ 为 $\mathcal{D}$ 广义函数. □

注5.1.1　当例 5.1.3 中 a 取 0 时, δ_0 即为例 5.0.1 中定义的 δ 函数.

例5.1.4　假设 $f \in L_{\mathrm{loc}}(E)$, 即对于 E 的任何紧子集 F, 有

$$\int_F |f(x)| \mathrm{d}x < \infty,$$

则由 f 所定义的如下泛函

$$f^*(\varphi) = \int_\Omega f(x)\varphi(x)\mathrm{d}x, \quad \forall \varphi \in \mathcal{D}, \tag{5.1.1}$$

为 $\mathcal{D}$ 广义函数.

证明　由于 $f \in L_{\mathrm{loc}}(E)$, 则对任意 $\varphi \in \mathcal{D}$, $f(x)\varphi(x)$ 在 $\mathrm{supp}\varphi$ 上是可积的, 从而 (5.1.1) 式右端的积分是有意义的. 首先, 由 f^* 的定义，它显然是线性的. 下证 f^* 是连续的. 假设 $\{\varphi_k\}_{k=1}^{\infty} \subset \mathcal{D}$, $\varphi \in \mathcal{D}$, 且 $\varphi_k \to \varphi(\mathcal{D})$, 则存在紧集 $F \subset E$, 使得 $\mathrm{supp}\varphi_k \subset F$, $k = 1, 2, \cdots$, $\mathrm{supp}\varphi \subset F$, 并且 φ_k 在 F 上一致收敛到 φ. 由 Lebesgue 控制收敛定理可得

$$\begin{aligned}
\lim_{k\to\infty} f^*(\varphi_k) &= \lim_{k\to\infty} \int_E f(x)\varphi_k(x)\mathrm{d}x \\
&= \lim_{k\to\infty} \int_F f(x)\varphi_k(x)\mathrm{d}x \\
&= \int_F f(x)\left(\lim_{k\to\infty} \varphi_k(x)\right)\mathrm{d}x \\
&= \int_E f(x)\varphi(x)\mathrm{d}x \\
&= f^*(\varphi).
\end{aligned}$$

即, f^* 是连续的. 从而, f^* 为 $\mathcal{D}$ 广义函数. □

例 5.1.4 说明每个局部可积函数 f 都对应一个 $\mathcal{D}$ 广义函数 f^*. 这样的 f^* 我们称为函数型 $\mathcal{D}$ 广义函数. 但是, 不是所有的 $\mathcal{D}$ 广义函数皆为函数型 $\mathcal{D}$ 广义函数.

例5.1.5　Dirac 函数δ_a 不是函数型 $\mathcal{D}$ 广义函数.

证明 利用反证法. 假设 δ_a 为函数型的, 则存在一个定义在 E 上的局部可积函数 f, 使得对一切 $\varphi \in \mathcal{D}$, 有

$$\int_E f(x)\varphi(x)\mathrm{d}x = \delta_a(\varphi) = \varphi(a), \quad \forall \varphi \in \mathcal{D}. \tag{5.1.2}$$

现取充分小的正数 $r > 0$, 使 $B(a,r) = \{x \in \mathbb{R}^n : |x-a| < r\} \subset E$. 定义

$$\varphi_{a,r} = \begin{cases} \mathrm{e}^{-\frac{r^2}{r^2-|x-a|^2}}, & x \in B(a,r), \\ 0, & x \notin B(a,r). \end{cases} \tag{5.1.3}$$

显然, $\varphi_{a,r}(x) \in \mathcal{D}$, 且由 (5.1.2) 式知

$$\int_E f(x)\varphi_{a,r}(x)\mathrm{d}x = \varphi_{a,r}(a) = \mathrm{e}^{-1}. \tag{5.1.4}$$

另一方面, 由 (5.1.3) 式易知 $\lim_{r\to 0^+} \varphi_{a,r}(x) = 0$, a.e., $x \in \mathbb{R}^n$. 再由 f 在 E 上的局部可积性, 利用 Lebesgue 控制收敛定理可得

$$\lim_{r\to 0^+} \int_E f(x)\varphi_{a,r}(x)\mathrm{d}x = 0. \tag{5.1.5}$$

这与 (5.1.4) 式矛盾. 故 δ_a 不是函数型 $\mathcal{D}$ 广义函数. □

对于任意 $f, g \in \mathcal{D}'$, $\alpha \in \mathbb{R}$, 我们在 $\mathcal{D}'$ 上逐点定义加法和数乘:

$$(f+g)(\varphi) = f(\varphi) + g(\varphi);$$
$$(\alpha f)(\varphi) = \alpha f(\varphi).$$

则容易验证 $\mathcal{D}'$ 在上述加法和数乘下形成一个线性空间.

定义5.1.3 假设 $\{f_k\} \subset \mathcal{D}'$, $f \in \mathcal{D}'$. 称 $\{f_k\}$ 在 $\mathcal{D}'$ 中收敛到 f, 记为 $f_k \to f(\mathcal{D}')$, 如果对于一切 $\varphi \in \mathcal{D}$, 有

$$\lim_{k\to\infty} f_k(\varphi) = f(\varphi)$$

成立.

$\mathcal{D}'$ 按照上述收敛概念形成的空间称为 $\mathcal{D}$ 广义函数空间, 通常也记为 $\mathcal{D}'$. 容易验证, $\mathcal{D}'$ 中加法和数乘关于上述收敛概念是连续的.

下面我们可以定义 $\mathcal{D}$ 广义函数的导数了, 其思想来源于经典分析中的分部积分.

定义5.1.4 假设 $f \in \mathcal{D}'$, 定义

$$\left\langle \frac{\partial f}{\partial x_j}, \varphi \right\rangle = -\left\langle f, \frac{\partial \varphi}{\partial x_j} \right\rangle, \quad \forall \varphi \in \mathcal{D}, \quad j = 1, \cdots, n,$$

这里 $\langle f, \varphi \rangle$ 表示泛函 f 作用到函数 φ 上.

由于 $\varphi \in \mathcal{D}$ 是具有紧支集的无穷次连续可微函数, 则 $\dfrac{\partial \varphi}{\partial x_j}$ 也是具有紧支集的无穷次连续可微函数, 从而 $\left\langle f, \dfrac{\partial \varphi}{\partial x_j} \right\rangle$ 有意义. 另外, 定义 5.1.4 中所定义的 $\dfrac{\partial f}{\partial x_j}$ 显然是 $\mathcal{D}$ 上的线性泛函. 而且, 如果令 $\varphi_k \to \varphi(\mathcal{D})$, 则 $\dfrac{\partial \varphi_k}{\partial x_j}$ 必一致收敛到 $\dfrac{\partial \varphi}{\partial x_j}$, $j = 1, \cdots, n$. 于是, $\dfrac{\partial \varphi_k}{\partial x_j} \to \dfrac{\partial \varphi}{\partial x_j}(\mathcal{D})$, $j = 1, \cdots, n$. 故由 f 的连续性可知 $\dfrac{\partial f}{\partial x_j}$ 也是连续的, 即 $\dfrac{\partial f}{\partial x_j} \in \mathcal{D}'$.

一般地, 对于任意多重指标 $s = (s_1, \cdots, s_n)$, 定义 $D^s f$ 为如下 $\mathcal{D}$ 广义函数:

$$\langle D^s f, \varphi \rangle = (-1)^{|s|} \langle f, D^s \varphi \rangle, \quad \forall \varphi \in \mathcal{D}.$$

例5.1.6 证明:

$$\left\langle \frac{\partial \delta_a}{\partial x_j}, \varphi \right\rangle = -\frac{\partial \varphi}{\partial x_j}(a), \quad \forall a \in E \subset \mathbb{R}^n, \quad \forall \varphi \in \mathcal{D}, \quad j = 1, \cdots, n.$$

证明 对任意 $\varphi \in \mathcal{D}$, 有

$$\left\langle \frac{\partial \delta_a}{\partial x_j}, \varphi \right\rangle = -\left\langle \delta_a, \frac{\partial \varphi}{\partial x_j} \right\rangle = -\frac{\partial \varphi}{\partial x_j}(a).$$

□

例5.1.7 假设 $H(x)$ 为例 5.0.2 中定义的 Heaviside 函数, 则 $H' = \delta$.

证明 首先, $H(x)$ 为局部可积函数, 从而 $H(x)$ 是 $\mathcal{D}$ 广义函数. 则对任意 $\varphi \in \mathcal{D}$, 有

$$\begin{aligned}
\langle H', \varphi \rangle &= -\langle H, \varphi' \rangle \\
&= -\int_{-\infty}^{\infty} H(x)\varphi'(x)\mathrm{d}x \\
&= -\int_0^{\infty} \varphi'(x)\mathrm{d}x \\
&= \varphi(0) \\
&= \langle \delta, \varphi \rangle.
\end{aligned}$$

从而 $H' = \delta$. □

定义5.1.5 假设 $\psi \in C^\infty(E)$, $f \in \mathcal{D}'$, 定义 ψ 与 f 的乘积如下:

$$\langle \psi f, \varphi \rangle = \langle f, \psi \varphi \rangle, \quad \forall \varphi \in \mathcal{D}.$$

显然, $\psi f \in \mathcal{D}'$. 一般地, 对于 $\psi \in C^\infty(\Omega)$, $f \in \mathcal{D}'$, 我们可以定义 ψ 与 f 的乘积 ψf. 但对于两个 $\mathcal{D}$ 广义函数, 我们是不能定义乘积运算的.

例5.1.8 证明: $x^2\delta''=2\delta,\ x\in\mathbb{R}$.

证明 对任意 $\varphi\in\mathcal{D}$, 有

$$\begin{aligned}\langle x^2\delta'',\varphi\rangle &= \langle\delta'',x^2\varphi(x)\rangle\\ &= (-1)^2\langle\delta,\left(x^2\varphi(x)\right)''\rangle\\ &= \langle\delta,2\varphi(x)+2x\varphi(x)+2x\varphi'(x)+x^2\varphi''(x)\rangle\\ &= [2\varphi(x)+2x\varphi(x)+2x\varphi'(x)+x^2\varphi''(x)]|_{x=0}\\ &= 2\varphi(0)\\ &= \langle 2\delta,\varphi\rangle.\end{aligned}$$

故, $x^2\delta''=2\delta$. □

由 $\mathcal{D}$ 广义函数导数的定义, 容易证明下面关于 $\mathcal{D}$ 广义函数求导运算的基本性质.

定理5.1.1 假设 $f\in\mathcal{D}'$, 则对任意多重指标 $s=(s_1,\cdots,s_n)$, 有 $D^sf\in\mathcal{D}'$.

定理5.1.2 假设 $\{f_k\}_{k=1}^{\infty}\subset\mathcal{D}'$, $f\in\mathcal{D}'$, 且

$$\lim_{k\to\infty}\langle f_k,\varphi\rangle=\langle f,\varphi\rangle,\quad\forall\varphi\in\mathcal{D}.$$

则对任意多重指标 $s=(s_1,\cdots,s_n)$, 有

$$\lim_{k\to\infty}\langle D^sf_k,\varphi\rangle=\langle D^sf,\varphi\rangle,\quad\forall\varphi\in\mathcal{D}.$$

定理5.1.3 假设 $\{f_k\}_{k=1}^{\infty}\subset\mathcal{D}'$, $f\in\mathcal{D}'$, 且对任意 $\varphi\in\mathcal{D}$, 极限 $\lim_{k\to\infty}\langle f_k,\varphi\rangle$ 存在, 则必存在 $f\in\mathcal{D}'$, 使得

$$\lim_{k\to\infty}\langle f_k,\varphi\rangle=\langle f,\varphi\rangle,\quad\forall\varphi\in\mathcal{D}.$$

定理 5.1.3 的证明需要用到拓扑线性空间的相关知识, 我们这里略去证明, 有兴趣的读者可参阅文献 [8], [12] 或者 [14].

5.2 基本函数空间 $\mathcal{S}$ 上的广义函数与 Fourier 变换

众所周知, Fourier 变换在许多领域, 尤其是数学、物理以及工程技术中都是非常重要的工具. 按照经典 Fourier 变换的定义:

$$\hat{f}(t)=\int_{\mathbb{R}^n}f(x)\mathrm{e}^{-2\pi\mathrm{i}x\cdot t}\mathrm{d}x,\tag{5.2.1}$$

有时 $\hat{f}$ 也记为 $\mathcal{F}(f)$, 其 L^1 理论和 L^2 理论是比较完整的, 后来数学家们花了较大精力将其推广到 L^p, $1 < p < 2$ 的情形. 对于 $p > 2$ 的情形, 虽然 S. Bochner 与 N. Wiener 等著名数学家在这方面做了许多重要的贡献, 但其理论仍不能令人满意. 鉴于 Fourier 变换在现代分析中的重要性, 因此有必要拓广 Fourier 变换的定义. 在推广 Fourier 变换的定义之前, 我们需要引进另一类基本函数空间 $\mathcal{S}$.

定义5.2.1　假设 $\psi(x)$ 是 $\mathbb{R}^n$ 上无穷次连续可微函数, 而且对任何重指标 $\alpha = (\alpha_1, \cdots, \alpha_n)$ 和 $\beta = (\beta_1, \cdots, \beta_n)$, 有

$$\|\psi\|_{\alpha,\beta} = \sup_{x \in \mathbb{R}^n} |x^\alpha D^\beta \psi(x)| < \infty, \tag{5.2.2}$$

这里 $x^\alpha = x_1^{\alpha_1} \cdots x_n^{\alpha_n}$, $D^\beta = \dfrac{\partial^{|\beta|}}{\partial_{x_1}^{\beta_1} \cdots \partial_{x_n}^{\beta_n}}$, $|\beta| = \beta_1 + \cdots + \beta_n$, 则称 ψ 为 Schwarz 速降函数, 记为 $\psi \in \mathcal{S}(\mathbb{R}^n)$, 或 $\psi \in \mathcal{S}$.

例5.2.1　容易验证: $\mathrm{e}^{-|x|^2} \in \mathcal{S}(\mathbb{R}^n)$, 但 $\mathrm{e}^{-|x|} \notin \mathcal{S}(\mathbb{R}^n)$.

注5.2.1　显然 $\mathcal{D}(\mathbb{R}^n) \subset \mathcal{S}(\mathbb{R}^n)$. 而且由 $\mathrm{e}^{-|x|^2} \in \mathcal{S}(\mathbb{R}^n)$ 但 $\mathrm{e}^{-|x|^2} \notin \mathcal{D}(\mathbb{R}^n)$ 知: $\mathcal{D}(\mathbb{R}^n)$ 为 $\mathcal{S}(\mathbb{R}^n)$ 的真子空间.

我们在 $\mathcal{S}(\mathbb{R}^n)$ 中定义如下收敛概念: 对于 $\{\psi_k\}_{k=1}^\infty \subset \mathcal{S}(\mathbb{R}^n)$, $\psi \in S(\mathbb{R}^n)$,

(1) 对任意重指标 α 和 β, $\sup_k \|\psi_k\|_{\alpha,\beta} < \infty$, $\|\psi\|_{\alpha,\beta} < \infty$;

(2) 对任意重指标 α 和 β, 当 $k \to \infty$ 时, 有 $|x^\alpha D^\beta(\psi_k(x) - \psi(x))|$ 在 $\mathbb{R}^n$ 上一致趋于零;

则称 $\{\psi_k\}_{k=1}^\infty$ 在 $\mathcal{S}$ 中收敛于 ψ, 记为 $\psi_k \to \psi(\mathcal{S})$.

定义5.2.2　$\mathcal{S}(\mathbb{R}^n)$ 上按 $\psi_k \to \psi(\mathcal{S})$ 为连续的线性泛函 f, 称为 $\mathcal{S}$ 广义函数, 或者缓增广义函数, 记为 $f \in \mathcal{S}'(\mathbb{R}^n)$, 或 $f \in \mathcal{S}'$.

定义5.2.3　假设 $f \in C(\mathbb{R}^n)$，若存在正整数 K 以及正常数 C_0, 使

$$|f(x)| \leqslant C_0(1 + |x|^2)^K, \quad \forall x \in \mathbb{R}^n. \tag{5.2.3}$$

则称 f 为缓增函数.

显然, 缓增函数类的范围较为广泛, 比如 1, x, $\sin x$, 以及许多在应用中起着非常重要作用的函数都包含在这个类里, 而这些函数在经典理论中的 Fourier 变换是不存在的. 下列定理说明每一个缓增函数都确定一个缓增广义函数.

定理5.2.1　假设 $f(x)$ 为任一缓增函数, 对任意 $\psi \in \mathcal{S}$, 定义

$$f^*(\psi) = \int_{\mathbb{R}^n} f(x)\psi(x)\mathrm{d}x, \tag{5.2.4}$$

则 f^* 为一缓增广义函数.

证明 由于 f 满足 (5.2.3) 式且 $\psi \in \mathcal{S}$, 则 (5.2.4) 式右端积分有意义. 而且 f^* 显然是 $\mathcal{S}$ 上的线性泛函. 下证 f^* 是连续的.

现设 $\psi_k \to 0(\mathcal{S})$. 对任给的正整数 K_1，$(1+|x|^2)^{K_1}$ 显然可以展成

$$\sum_{j=1}^{n} c_j x^{\alpha_j},$$

这里 $c_j, 1 \leqslant j \leqslant n$ 是常数, $\alpha_j = (\alpha_{j_1}, \cdots, \alpha_{j_n})$ 为多重指标且 $|\alpha_j| = \alpha_{j_1} + \cdots + \alpha_{j_n} \leqslant 2K_1$. 由 $\psi_k \in \mathcal{S}$, 则存在常数 $M_1 > 0$, 使

$$(1+|x|^2)^{K_1}|\psi_k(x)| < M_1, \quad \forall k = 1, 2, \cdots \tag{5.2.5}$$

且 $\{\varphi_k(x)\}_{k=1}^{\infty}$ 在 $\mathbb{R}^n$ 上一致趋于零. 由于$f(x)$是缓增函数, 则对任意正数$r>0$, 有

$$\begin{aligned}
|f^*(\psi_k)| &= \left|\int_{\mathbb{R}^n} f(x)\psi_k(x)\mathrm{d}x\right| \\
&\leqslant \int_{|x|\leqslant r} |f(x)\psi_k(x)|\mathrm{d}x + \int_{|x|>r} C_0 M_1 (1+|x|^2)^{K-K_1}\mathrm{d}x \\
&\triangleq I_1 + I_2.
\end{aligned}$$

对于任给的 $\varepsilon > 0$, 选取充分大的 K_1(例如 $K_1 > K + n/2$) 以及充分大的 r, 使得 $I_2 \leqslant \varepsilon/2$. 而对于固定的 r, 由 Lebesgue 控制收敛定理有

$$\lim_{k\to\infty} \int_{|x|\leqslant r} |f(x)\psi_k(x)|\mathrm{d}x = 0.$$

由 ε 的任意性可得 $\lim_{k\to\infty} f^*(\psi_k) = 0$. 从而 f^* 为 f 所确定的缓增广义函数. □

定理5.2.2 假设 $f \in L^p(\mathbb{R}^n)$, $1 \leqslant p \leqslant \infty$, 则

$$f^*(\psi) = \int_{\mathbb{R}^n} f(x)\psi(x)\mathrm{d}x, \quad \forall \psi \in \mathcal{S} \tag{5.2.6}$$

为 f 所确定的缓增广义函数.

证明 由 $\psi \in \mathcal{S}$ 及 Hölder 不等式, 有

$$\begin{aligned}
|f^*(\psi)| &\leqslant \int_{\mathbb{R}^n} |f(x)\psi(x)|\mathrm{d}x \\
&\leqslant \|f\|_p \|\psi\|_{p'},
\end{aligned}$$

这里 $\dfrac{1}{p} + \dfrac{1}{p'} = 1$. 从而, (5.2.6) 式右端积分有意义, 并且 f^* 为 $\mathcal{S}$ 上的线性泛函. 另一方面, 假设 $\psi_k \to 0(\mathcal{S})$, 对于 $1 \leqslant p' < \infty$ 及任意正数 $r > 0$, 我们有

$$\|\psi_k\|_{p'}^{p'} = \int_{|x|\leqslant r} |\psi_k(x)|^{p'}\mathrm{d}x + \int_{|x|>r} |\psi_k(x)|^{p'}\mathrm{d}x \triangleq I_1 + I_2.$$

对任给的 $\varepsilon > 0$, 由 (5.2.5) 式 $\left(\text{任取 } K_1 > \dfrac{n}{2p'}\right)$, 选取充分大的 r, 使得 $I_2 < \varepsilon/2$. 而对于固定的 r, 由 $\psi_k \in \mathcal{S}$ 及 Lebesgue 控制收敛定理, $I_1 \to 0$, $k \to \infty$. 综上可得, $f^*(\psi_k) \to 0$, $\|\psi_k\|_{p'} \to 0$. 对于 $p' = \infty$ 的情形, 证明类似. 因此, f^* 为连续的. 从而 f^* 为 f 所确定的缓增广义函数. □

由于 $\mathcal{S}(\mathbb{R}^n) \subset L^1(\mathbb{R}^n)$, 则对任意 $f \in \mathcal{S}(\mathbb{R}^n)$, (5.2.1) 式右端积分有意义. 而且由 Fourier 的定义, 不难验证: 对任意 $1 \leqslant j \leqslant n$ 以及多重指标 $\alpha = (\alpha_1, \cdots, \alpha_n)$, 有

$$\mathcal{F}\Big(\frac{\partial f}{\partial(\cdot)_j}\Big)(t) = 2\pi \mathrm{i} t_j \mathcal{F}(f)(t); \tag{5.2.7}$$

$$\mathcal{F}(D^\alpha f)(t) = (2\pi\mathrm{i})^{|\alpha|} t^\alpha \mathcal{F}(f)(t); \tag{5.2.8}$$

$$\frac{\partial}{\partial t_j}\mathcal{F}(f)(t) = \mathcal{F}(-2\pi\mathrm{i}(\cdot)_j f)(t); \tag{5.2.9}$$

$$D^\alpha \mathcal{F}(f)(t) = \mathcal{F}((-2\pi\mathrm{i})^{|\alpha|}(\cdot)^\alpha f)(t). \tag{5.2.10}$$

另外, 若 $f \in \mathcal{S}(\mathbb{R}^n)$, 由 Fourier 变换的反演理论可知

$$f(x) = \int_{\mathbb{R}^n} \mathcal{F}(f)(t) \mathrm{e}^{-2\pi\mathrm{i}x\cdot t}\mathrm{d}t \tag{5.2.11}$$

处处成立. 上述 Fourier 变换与微分的关系式以及反演公式 (5.2.11) 的具体推导可参阅 [4], [6] 和 [11] 等文献.

现在, 我们有下面关于 Schwarz 速降函数的 Fourier 变换的重要性质.

定理5.2.3　若 $f \in \mathcal{S}(\mathbb{R}^n)$, 则 $\mathcal{F}(f) \in \mathcal{S}(\mathbb{R}^n)$.

证明　由 (5.2.8) 式与 (5.2.10) 式, 对任意多重指标 α, β, 有

$$\begin{aligned}\int_{\mathbb{R}^n} D^\alpha\big(x^\beta f(x)\big)\mathrm{e}^{-2\pi\mathrm{i}x\cdot t}\mathrm{d}x &= \mathcal{F}\big(D^\alpha\big((\cdot)^\beta f(\cdot)\big)\big)(t)\\ &= (2\pi\mathrm{i})^{|\alpha|} t^\alpha \mathcal{F}((\cdot)^\beta f(\cdot))(t)\\ &= (2\pi\mathrm{i})^{|\alpha|} t^\alpha (-2\pi\mathrm{i})^{-|\beta|} D^\beta \mathcal{F}(f)(t)\\ &= (2\pi)^{|\alpha|-|\beta|}\mathrm{i}^{|\alpha|+|\beta|} t^\alpha D^\beta \mathcal{F}(f)(t).\end{aligned}$$

由于 $f \in \mathcal{S}(\mathbb{R}^n)$, 则 $D^\alpha\big(x^\beta f(x)\big) \in \mathcal{S}(\mathbb{R}^n)$, 从而对任意正整数 $K > n/2$, 有

$$\sup_{x\in\mathbb{R}^n}\{(1+|x|^2)^K |D^\alpha\big(x^\beta f(x)\big)|\} < \infty.$$

令常数 $C=\int_{\mathbb{R}^n}\frac{1}{(1+|x|^2)^K}\mathrm{d}x$, 则

$$
\begin{aligned}
|t^\alpha D^\beta\mathcal{F}(f)(t)|&\leqslant\int_{\mathbb{R}^n}|D^\alpha\big(x^\beta f(x)\big)|\mathrm{d}x\\
&=\int_{\mathbb{R}^n}\frac{1}{(1+|x|^2)^K}\cdot(1+|x|^2)^K|D^\alpha\big(x^\beta f(x)\big)|\mathrm{d}x\\
&\leqslant C\sup_{x\in\mathbb{R}^n}\{(1+|x|^2)^K|D^\alpha\big(x^\beta f(x)\big)|\}\\
&<\infty.
\end{aligned}
$$

于是, $\mathcal{F}(f)$ 满足 Schwarz 速降函数条件 (5.2.2). 再由 (5.2.10) 式知 $\mathcal{F}(f)$ 在 $\mathbb{R}^n$ 上无穷次连续可微. 故 $\mathcal{F}(f)\in\mathcal{S}(\mathbb{R}^n)$. □

如果我们定义 Schwarz 速降函数的 Fourier 逆变换如下:

$$
\mathcal{F}^{-1}g(x)=\int_{\mathbb{R}^n}\mathrm{e}^{2\pi\mathrm{i}x\cdot t}\mathcal{F}(g)(t)\mathrm{d}t,\quad\forall g\in\mathcal{S}(\mathbb{R}^n),
$$

则我们有如下结论.

推论5.2.1 如果 $g\in\mathcal{S}(\mathbb{R}^n)$, 则 $\mathcal{F}^{-1}(g)\in\mathcal{S}(\mathbb{R}^n)$.

下面我们引入缓增广义函数的 Fourier 变换的定义, 其思想来源于 Fourier 变换的乘法公式:

$$
\int_{\mathbb{R}^n}\mathcal{F}(f)(t)g(t)\mathrm{d}t=\int_{\mathbb{R}^n}f(t)\mathcal{F}(g)(t)\mathrm{d}t,\quad\forall f,g\in L^1(\mathbb{R}^n).\tag{5.2.12}
$$

上式可由 Fourier 变换的定义直接推得.

定义5.2.4 对于 $f\in\mathcal{S}'(\mathbb{R}^n)$, 其 Fourier 变换 $\mathcal{F}(f)$ 定义为

$$
\langle\mathcal{F}(f),\psi\rangle=\langle f,\mathcal{F}(\psi)\rangle,\quad\forall\psi\in\mathcal{S}(\mathbb{R}^n).\tag{5.2.13}
$$

由定理 5.2.3 知 $\mathcal{F}(\psi)\in\mathcal{S}(\mathbb{R}^n)$, 对任意 $\psi\in\mathcal{S}(\mathbb{R}^n)$. 从而 (5.2.13) 式右端积分有定义且是 $\mathcal{S}(\mathbb{R}^n)$ 上按 $\psi_k\to 0(\mathcal{S})$ 为连续的线性泛函, 因此 (5.2.13) 式确定了一个缓增广义函数.

可以证明, 上述缓增广义函数的 Fourier 变换是经典 Fourier 变换的推广. 事实上, 若 $f\in L^1(\mathbb{R}^n)$, 其经典 Fourier 变换定义为

$$
\hat{f}(t)=\int_{\mathbb{R}^n}f(x)\mathrm{e}^{-2\pi\mathrm{i}x\cdot t}\mathrm{d}x.
$$

由定理 5.2.2 可得, f 所确定的缓增广义函数为

$$
f^*(\psi)=\int_{\mathbb{R}^n}f(x)\psi(x)\mathrm{d}x,\quad\forall\psi\in\mathcal{S}(\mathbb{R}^n).
$$

由定义 5.2.4, 对任意 $\psi \in \mathcal{S}(\mathbb{R}^n)$, 有

$$\begin{aligned}\langle \mathcal{F}(f^*), \psi \rangle &= \langle f^*, \mathcal{F}(\psi) \rangle \\ &= \int_{\mathbb{R}^n} f(t)\mathcal{F}(\psi)(t)\mathrm{d}t \\ &= \int_{\mathbb{R}^n} f(t) \left(\int_{\mathbb{R}^n} \psi(x)\mathrm{e}^{-2\pi \mathrm{i} x\cdot t}\mathrm{d}x \right) \mathrm{d}t \\ &= \int_{\mathbb{R}^n} \psi(x) \left(\int_{\mathbb{R}^n} f(t)\mathrm{e}^{-2\pi \mathrm{i} x\cdot t}\mathrm{d}t \right) \mathrm{d}x \\ &= \int_{\mathbb{R}^n} \psi(x)\hat{f}(x)\mathrm{d}x \\ &= \langle \hat{f}, \psi \rangle.\end{aligned}$$

即, $\mathcal{F}(f^*)$ 正是由 f 的 Fourier 变换 $\hat{f}$ 所确定的缓增广义函数.

例5.2.2　证明: $\mathcal{F}(1) = \delta$.

证明　对任意 $\psi \in \mathcal{S}(\mathbb{R}^n)$, 有

$$\begin{aligned}\langle \mathcal{F}(1), \psi \rangle &= \langle 1, \mathcal{F}(\psi) \rangle \\ &= \int_{\mathbb{R}^n} \mathcal{F}\psi(t)\mathrm{d}t \\ &= \int_{\mathbb{R}^n} \mathrm{e}^{2\pi \mathrm{i} 0\cdot t}\mathcal{F}\psi(t)\mathrm{d}t \\ &= \psi(0) \\ &= \langle \delta, \psi \rangle.\end{aligned}$$

从而, $\mathcal{F}(1) = \delta$. □

例5.2.3　对任意 $a \in \mathbb{R}^n$, 有 $\mathcal{F}(\mathrm{e}^{2\pi \mathrm{i} a\cdot(\cdot)})(t) = \delta_a(t)$, 其中 $\delta_a(\psi) = \psi(a)$, $\forall \psi \in \mathcal{S}(\mathbb{R}^n)$. 特别地, 当 $a = 0$ 时, 有 $\mathcal{F}(1) = \delta$.

证明　对于任意 $\psi \in \mathcal{S}(\mathbb{R}^n)$, 有

$$\begin{aligned}\langle \mathcal{F}(\mathrm{e}^{2\pi \mathrm{i} a\cdot(\cdot)}), \psi \rangle &= \langle \mathrm{e}^{2\pi \mathrm{i} a\cdot t}, \mathcal{F}(\psi) \rangle \\ &= \int_{\mathbb{R}^n} \mathrm{e}^{2\pi \mathrm{i} a\cdot t}\mathcal{F}\psi(t)\mathrm{d}t \\ &= \psi(a) \\ &= \langle \delta_a, \psi \rangle.\end{aligned}$$

故, $\mathcal{F}(\mathrm{e}^{2\pi \mathrm{i} a\cdot(\cdot)})(t) = \delta_a(t)$. □

定义5.2.5　对任意 $f \in \mathcal{S}'(\mathbb{R}^n)$, 定义 $\mathcal{F}^{-1}(f)$ 为

$$\langle \mathcal{F}^{-1}(f), \psi \rangle = \langle f, \mathcal{F}^{-1}(\psi) \rangle, \quad \forall \psi \in \mathcal{S}(\mathbb{R}^n).$$

显然, 由 $\psi \in \mathcal{S}(\mathbb{R}^n)$ 知 $\mathcal{F}^{-1}(\psi) \in \mathcal{S}(\mathbb{R}^n)$, 并且上式右端积分是 $\mathcal{S}(\mathbb{R}^n)$ 上按 $\psi \to 0(\mathcal{S})$ 为连续的线性泛函, 因此 $\mathcal{F}^{-1}(f)$ 是缓增广义函数.

定理5.2.4　对任意 $f \in \mathcal{S}'(\mathbb{R}^n)$, 有

$$\mathcal{F}^{-1}(\mathcal{F}(f)) = f, \quad \mathcal{F}(\mathcal{F}^{-1}(f)) = f.$$

证明　对任意 $\psi \in \mathcal{S}(\mathbb{R}^n)$, 有

$$\begin{aligned}\langle \mathcal{F}^{-1}(\mathcal{F}(f)), \psi \rangle &= \langle \mathcal{F}(f), \mathcal{F}^{-1}(\psi) \rangle \\ &= \langle f, \mathcal{F}(\mathcal{F}^{-1}(\psi)) \rangle \\ &= \langle f, \psi \rangle.\end{aligned}$$

同理, 有

$$\langle \mathcal{F}(\mathcal{F}^{-1}(f)), \psi \rangle = \langle f, \psi \rangle, \quad \forall \psi \in \mathcal{S}(R^n).$$

□

例5.2.4　计算 $\sin x$ 的 Fourier 变换, $x \in \mathbb{R}$.

解　由定义 5.2.3, $\sin x$ 为缓增函数, 所以它确定一个缓增广义函数. 因为

$$\sin x = \frac{\mathrm{e}^{\mathrm{i}x} - \mathrm{e}^{-\mathrm{i}x}}{2\mathrm{i}} = \frac{\mathrm{e}^{2\pi\mathrm{i}\left(\frac{1}{2\pi}\right)x} - \mathrm{e}^{2\pi\mathrm{i}\left(\frac{1}{-2\pi}\right)x}}{2\mathrm{i}},$$

由例 5.2.3 得

$$\mathcal{F}(\sin(\cdot))(t) = \frac{1}{2\mathrm{i}}\big(\delta_{\frac{1}{2\pi}}(t) - \delta_{-\frac{1}{2\pi}}(t)\big).$$

□

习　题　5

1. 对任意 $a \in \mathbb{R}$, 定义

$$H_a(x) = \begin{cases} 1, & x \geqslant a, \\ 0, & x < a. \end{cases}$$

计算 H_a'.

2. 利用经典 Fourier 变换的定义 (5.2.1) 验证 Fourier 变换的乘法公式 (5.2.12).

3. 对于 $f \in \mathcal{S}(\mathbb{R}^n)$ 以及任意多重指标 $\alpha = (\alpha_1, \cdots, \alpha_n)$, 验证 (5.2.8) 式与 (5.2.10) 式.

4. 计算下列缓增广义函数的 Fourier 变换:

(1) $x^2,\ x \in \mathbb{R}$;

(2) $\cos x,\ x \in \mathbb{R}$;

(3) $\delta(x),\ x \in \mathbb{R}$.

参 考 文 献

[1] 曹广福, 严从荃. 实变函数论与泛函分析 (下册). 3 版. 北京: 高等教育出版社, 2011.

[2] Carleson L. On convergence and growth of partial sums of Fourier series. Acta. Math., 1966, 116: 135-157.

[3] Dieudonné J. History of Functional Analysis. Amsterdam: North-Holland Publishing Company, 1981.

[4] 丁勇. 现代分析基础. 2 版. 北京: 北京师范大学出版社, 2013.

[5] Douglas R G. Banach Algebra Techniques in Operator Theory. 2nd ed. New York: Springer-Verlag, 1998.

[6] 费铭岗. 现代算子分析选讲. 北京: 科学出版社, 2016.

[7] Hunt R A. On the convergence of Fourier series//Orthogonal Expansions and Their continuous Analogues. Edwardsville: Proc. Conf., I11, 1967: 235-255; Carbondale: Southern Illinois Univ. Press, I11, 1968.

[8] 江泽坚, 孙善利. 泛函分析. 2 版. 北京: 高等教育出版社, 2005.

[9] Lindenstrauss J, Tzafriri I. On the complemented subspaces problem. Israel J. Math., 1971, 9: 263-269.

[10] Murray F J. On complementary manifolds and projections in spaces L_p and l_p. Trans. Amer. Math. Soc., 1937, 41: 138-152.

[11] 潘文杰. 傅里叶分析及其应用. 北京: 北京大学出版社, 2000.

[12] Rudin W. Functional Analysis. New York: McGraw-Hill Book Company, 1973.

[13] 夏道行, 吴卓人, 严绍宗, 等. 实变函数论与泛函分析 (下册). 2 版. 北京: 高等教育出版社, 1985.

[14] 薛小平, 孙立民, 武立中. 应用泛函分析. 2 版, 北京：电子工业出版社, 2009.

[15] 游兆永, 龚怀云, 徐宗本. 非线性分析. 西安：西安交通大学出版社, 2006.

[16] 张恭庆, 林源渠. 泛函分析讲义 (上册). 北京: 北京大学出版社, 1987.

索　　引

W

X

Y

Z

其他